数据建模

经典教程（第2版）

[美] Steve Hoberman　著　丁永军　译

人民邮电出版社
北京

图书在版编目（C I P）数据

数据建模经典教程 ：第2版 / （美）霍伯曼
(Steve Hoberman) 著 ; 丁永军译. -- 北京 ：人民邮电
出版社，2017.6（2024.5重印）
ISBN 978-7-115-45581-9

Ⅰ. ①数… Ⅱ. ①霍… ②丁… Ⅲ. ①数据模型－建
立模型－教材 Ⅳ. ①TP311.13

中国版本图书馆CIP数据核字(2017)第101983号

版权声明

◆ 著　　　[美] Steve Hoberman
译　　　丁永军
责任编辑　胡俊英
责任印制　焦志炜
◆ 人民邮电出版社出版发行　　北京市丰台区成寿寺路 11 号
邮编　100164　　电子邮件　315@ptpress.com.cn
网址　https://www.ptpress.com.cn
北京盛通印刷股份有限公司印刷
◆ 开本：720×960　1/16
印张：14.25　　　2017 年 6 月第 1 版
字数：173 千字　　　2024 年 5 月北京第 27 次印刷
著作权合同登记号　图字：01-2016-3954 号

定价：59.00 元

读者服务热线：(010)81055410　印装质量热线：(010)81055316
反盗版热线：(010)81055315
广告经营许可证：京东市监广登字 20170147 号

内容提要

数据建模指的是对现实世界各类数据的抽象组织，确定数据库需管辖的范围、数据的组织形式等直至转化成现实的数据库。而数据模型是构建应用系统的核心，是尽可能精准地表示业务运转的概念性框架。

本书通过平实的语言，对数据模型及建模过程进行了深入浅出的介绍。全书内容分为 5 个部分，对数据建模简介、数据模型要素，概念、逻辑和物理数据模型、数据模型质量以及数据建模的进阶内容等方面进行讲解，全面细致地为读者解答与数据建模相关的知识点和疑问。除此之外，本书的最后还对各类专业术语进行了细致的解释，方便读者参考。

本书是一本经典的数据建模指南，非常适合对数据建模感兴趣的读者以及从事数据科学等相关工作的专业人士参考阅读。

对本书的赞誉

Steve Hoberman 创作了一部内容丰富、生动、易于理解、实践性强的数据建模著作，而对于任何涉及信息技术领域的专业人士而言，数据建模无疑都是非常重要的。Steve Hoberman 在本书中，清楚地回答了什么是数据建模、为什么会有数据建模，以及怎么进行数据建模等关键问题，并且通过适当的示例、类比和练习进一步强化了涉及的各个知识点。

——Len Silverston

畅销图书 *The Data Model Resource Book*（卷 1、卷 2 和卷 3）的作者

数据建模作为有待探索且极具有潜在价值的领域，其商业价值往往隐藏于某个组织的信息技术部门。本书既强调了由此导致的商业价值的损失，也提出了如何体现其价值的措施。在“为什么”和“如何”进行数据建模方面，给出了一个易于理解和详尽的指导，同时也提醒我们 IT 项目开发的成功策略至少和所使用的信息技术同样重要。

——Chris Potts

企业 IT 策略师及畅销图书 *Creating the Ultimate Corporate Strategy for Information Technology* 的作者

对于想了解数据建模的初学者来说，本书无疑是一个非常好的参考指南。Steve Hoberman 列出了数据建模的基础知识，并且用一种易于理解又非常有趣的方式表现出来。我相信每位读者都能从中汲取到自己所需的内容。

——David Marco

EWSolutions 公司总裁

非常好的一本书，读起来很有趣。Steve 抓住了数据建模的精华并将其

简化，对于不从事直接数据建模工作但又需要参与建模的读者而言，这是一本非常好的入门指南。对于偶尔进行数据建模的读者来说，这是一本非常有价值的参考书。对于具有丰富经验的建模者来说，这本书会时刻提醒你应该始终保持建模过程的简单化。

——David Wells

商业智能顾问及讲师

作为一名数据架构师和数据库设计者，我购买过很多本相关的图书。对于初学数据建模的技术人员和业务人员，本书是一个非常好的工具。Steve用自己的方式将数据建模的复杂性和基础知识进行讲解，无论读者具有怎样的经验层次和背景都能理解。如果想快速上手，本书将是读者的不二之选。我曾多次推荐本书，总能被多数人欣然接受。

——Tom Bilcze

Westfield 集团首席数据库设计师

本书是数据建模初学者以及想拥有“话语权”并想理解建模概念的人的必读之作。读者在阅读时，会有种作者陪伴左右的感觉，作者会向你逐一介绍各个术语，解释各个符号，告诉你动手之前、建模过程中以及建模结束之后应该考虑什么。

——Robert S. Seiner

总统 KIK 咨询及教育服务有限责任公司总裁

tdan.com 数据管理简讯责任人

作为每天需要工作的数据架构师，有时甚至会忘记为什么进行数据建模。我只是知道了工作主题并按自己习惯的工作方式完成任务。我需要一个有用的定义，但有时候发现很难和其他人解释明白，我采用 Steve 的示例与他们交流，告诉他们我要做什么以及为什么这样做，令人高兴的是所有人都能明白。

——James Lee

健康服务数据架构、报表主管

这是一部近乎完美的图书，其内容覆盖面广，但同时又将所教授的内容保持在一个合理的水平，保证其简洁性和易用性。本书的可读性很强（我几次就读完了），将一个有效且易于理解的名片案例贯穿始终。

——Wayne Little

Creative 数据解决方案公司 CEO

致谢

在我的生命中有许多大咖（至今仍熠熠生辉），指引我前行。

这些从事数据管理行业的大咖有：UML 领域专家 Mickael Blaha；善于语言表达的 Wayne Eckerson；对于数据建模富有极大热情（而且对我的第 1 版图书给出了中肯的评价和建议，并在第 2 版中做了相应修改）的 David Hay；数据仓库领域的卓越贡献者以及对非结构化数据处理等未来趋势具有敏锐观察力的 Bill Inmon；带来了元数据主流处理方法的 Dave Marco；推动数据治理领域的发展，并发行了数据管理业界极具价值的刊物 Tdan.com 的 Bob Seiner；引发如何建立数据模型的思考，并给出了如何提高团队合作的实践性技术的 Graeme Simsion；多才多艺且广泛涉猎智能商业、数据建模、职业规划、PowerPoint、摄影、啤酒等领域的 David Wells。

数据大咖们还通过像 DAMA 这样的用户组推动着数据管理领域的发展，通过志愿服务、个人按月或按季度组织学术讨论、安排大会发言、撰写报告等活动推动行业进步，并与各类从业者紧密相连。由于篇幅有限，在此列举出一些与我共事多年的数据大咖：Kasi Anderson、Davida Berger、Tom Bilcze、Michael Brackett、Jimmy Chen、Susan Earley、Ben Ettlinger、Deborah Henderson、Jeff Lawyer、Carol Lehn、Wayne Little、Mark Mosley、Bill Nagel、Cathy Nolan、John Schley、Ivan Schotsmans 和 Anne Marie Smith.

还有其他人对这本书的出版给予了积极支持。感谢 Bill Graeme 和 Michael 对本书内容的补充，感谢 Jeani 对第 1 版的修订，感谢 Carol 出色的编辑工作，感谢 Mark 非常精彩的封面设计，感谢 Abby 完美的卡通设计。

当然还应该感谢那些数据世界以外的人们。感谢父亲的正直诚实、职业道德以及解决问题的能力。感谢母亲为我树立了一个热爱分享知识的榜样。感谢 Jenn 一直让我的生活很甜蜜。感谢 Sadie 和 Jamie 一直陪伴着我，并且提醒我让每天的生活简单化。

序言

数据模型是构建应用系统的核心，是尽可能精准地表示业务运转的概念性框架。数据模型定义了操作者、行为以及管理业务处理流程的规则，并将定义内容用人们和应用程序都能理解的标准语法进行描述。本质上，数据模型将业务中涉及的概念转换为计算机代码，以致于应用程序和计算机系统都能按设计者的意图处理各类信息。如果没有数据模型，任何组织机构都不可能实现信息的自动化处理。

鉴于数据模型在应用系统开发过程中扮演着关键角色，毫无疑问，数据模型将决定应用系统开发及使用效率。即便程序设计方面已经做到了完美，但不良的数据模型设计同样会带来灾难性的破坏。执行性能下降，不精确的查询结果，没有弹性的规则和不一致的元数据等都是不良数据模型引发的后果。

另一方面，设计精良的数据模型是企业用户与信息技术专家之间的桥梁。在应用系统项目开发之初，借助数据模型企业与信息技术专家间就业务运转达成共识。信息技术专家将业务运转用概念数据模型及逻辑数据模型进行描述。企业用户则可以对模型进行审阅，在编写程序代码之前对模型进行必要的更正和改进。

很难想象有谁能像本书作者 Steve Hoberman 那样，用如此简单朴素的语言解释数据模型，很多数据模型工程师因此沉醉于他们的工作实践中。如果没有 Steve，谁可能将 Steve 为 The Data Warehousing Institute 讲授的课程教得如此生动有趣，清晰明了？像在 Steve 所著的另一本著作（*The Data Modeler's Workbench*）中看到的一样，Steve 不仅知识渊博，而且还非常善于与各种读者沟通。Steve 对于数据建模技术拥有无与伦比的热情和能量。同时，Steve 还是我们研究中心里一位最受他人爱戴的成员之一。

符合庞大的需求。非常高兴 Steve 决定撰写这本著作，因为这类图书拥有巨大的市场需求。即使数据模型对于应用系统的开发至关重要，但仍有一大批业务人员和部分技术人员缺乏对数据模型的理解。这本著作的问世，无疑将唤起众多业务及技术人员对数据模型重要性的认识。

特别地，那些应用系统开发的倡议人，或被安排进项目组的业务人员，将发现这本著作是非常适宜的入门读物。对于刚刚入行进行应用系统设计的专业技术人员，这本著作同样是快捷、简单学习数据建模基础的优秀读物。大学教授为了帮助学生们掌握数据建模的有关概念、术语、成功准则等，这本著作也很值得推荐给他们。

——Wayne W. Eckerson

数据仓库研究服务中心主任

前言

相信很多读者和我一样，通常都会略过前言直接进入正文。但还是强烈推荐读者能先从前言部分开启本书之旅。前言将帮助读者对每一单元、每一章节有一个大体认识，并事先了解各部分的学习目标。

本书的 10 个目标

1．将会理解在什么情况下需要数据模型，以及各种情形下最适当的数据模型类型是什么。

2．能像阅读一本小说那样，轻松自如地读懂任何规模和复杂度的模型。

3．具备创建完整的规范化关系数据模型和维度模型的能力。

4．具备将一个逻辑模型转换为高效物理模型的能力。

5．具备使用模板工具，高效获取应用需求的能力。

6．具备解释数据模型记分卡中 10 个计分项的能力。

7．掌握如何与其他人员建立良好工作关系的实践经验。

8．了解非结构化数据及其模型化。

9．了解 UML 的基本概念。

10．具备 XML 环境中创建数据模型的能力，并了解元数据和敏捷开关的基本概念。

本书包含有 5 个部分，第 1 部分引入数据建模，并介绍了数据建模的目的和变化。第 2 部分说明数据模型中的所有组件。第 3 部分介绍关系型和维度型概念模型、逻辑模型和物理模型。第 4 部分则关注如何使用模板提高数据模型质量，介绍数据模型记分卡以及如何与业务人员、项目团队高效沟通。第 5 部分讨论关于数据建模的常见疑问。

将本书内容与10个学习目标关联起来看，第1部分的前半节完成了目标1，第2部分完成了目标2，第3部分完成了目标3和4，第4部分完成了目标5、6和7，第5部分则完成目标8、9和10。

第1部分由3章组成。第1章引入数据模型，并通过两个实例（冰淇淋和名片）说明数据模型的作用，这两个实例贯穿始终，便于读者对需求分析到模型设计的整个建模过程有所认识。第2章介绍了数据模型的两个非常有价值的特征：交流性和精确性。同时本章还就数据模型最行之有效的领域给予讨论。第3章将数据模型与照相机做以类比，说明关于照相机的4种设置同样适用于数据模型。理解4种设置对数据模型的影响将极大增加建模成功的可能性。（注：应用系统是为特定用户设计的以实现一定功能的一个程序或程序集，如文字处理系统、订单处理系统、利润报表系统等。）

第2部分包含随后的4章，用以介绍数据模型组件。第4章介绍实体，第5章介绍属性，第6章介绍关系，第7章介绍键。

第3部分由随后的3章构成，其中讨论了概念模型、逻辑模型和物理模型这3种不同类型的模型。第8章着重学习概念模型并讨论了在创建概念模型过程中的3种变化。第9章学习关系及维度逻辑模型。第10章介绍物理模型，重点学习使用反规范化和分区等不同技术实现物理模型的高效设计，同时还将学习渐变维度模型。

第4部分包含3章内容。讲解如何使用模板、数据模型记分卡及如何有效地与业务人员、项目组成员进行交流沟通，从而提高数据模型质量。第11章推荐了多种用于获取、验证用户需求的模板，模板的使用将有助于降低时间开销并提高建模精度。第12章讲解数据模型记分卡以验证数据模型质量。第13章介绍了如何与其他团队成员协作以及高效共事的一些实践经验。

第5部分也包含3章内容，其中介绍了凌驾于数据建模之上的有关主题。第 14 章介绍非结构化数据，因为非结构化数据的处理是当前流行的趋势。本章介绍了分类、本体两个处理技术。第 15 章学习统一建模语言 UML 中涉及数据模型的内容。第 16 章给出了经常被提及的 5 个疑问，并一一解答，其中包括 XML、元数据、敏捷开发。

第 2 版在第 1 版的基础上做了很大的改进。所有章节相比第 1 版都变化很多，其中更多地引入了新技术和示例。而且第 2 版更注重数据模型创建过程。作为强化概念，关键点都被添加至每章的结尾。每章开篇之处也添加了 3 行新体诗，给出了各章梗概。

本书还引入一则新术语：路径搜寻（Wayfinding），并重点介绍了如“元数据”等多个建模领域中容易被混淆的概念。本书还添加一些很有针对性的习题，并给出了参考答案。本书最后还罗列出本书涉及的全部名词解释。

本书的另一大特色在于其并非由一名作者独立完成。在写作之初，我曾尝试撰写有关 UML 和非结构化数据有关的内容，但我很快意识到其他专家学者的作品更好。于是请 Graeme Simsion、Bill Inmon 和 Michael Blaha 这 3 位专家分别撰写了本书的第 13 章、第 14 章和第 15 章。

数据建模不只是一种工作或职业，它还是一种思想，一种无价的过程和生活方式。但请尽量保持其简单实用，现在一起开始建模之旅吧。

目录

第2部分　数据模型要素

第 3 部分　概念、逻辑和物理数据模型

第 4 部分　数据模型质量

第 5 部分 数据建模的进阶内容

第 1 部分

数据建模简介

第 1 部分将引入数据建模，并介绍了数据模型的目的及其类型。完成该部分学习之后，读者将可以对在什么情况下需要引入数据模型进行判断，并可以根据实际情况选择适当的数据模型类型。读者还应该可以通过数据模型特征进行模型评估，并能针对特定的模型确定其特征的优劣及确定该模型与其创建目的是否吻合。

第 1 章将引入数据模型，并通过两个实例对这一强有力工具进行阐述。这两个实例也将贯穿整本教程。因为我个人偏好甜品，所以一个实例与冰淇淋有关（是的，冰淇淋）。另外一个实例是对名片进行数据建模。无论是冰淇淋，还是名片，都用来说明建模技术，这样读者可以从需求分析到模型设计了解整个建模过程。

第2章介绍了数据模型的两个非常有价值的特征：交流性和精确性。读者将了解到模型交流性如何体现以及3种可能弱化模型精确性的情形。本章还从业务及应用程序两个领域对数据模型的应用进行了说明。

第3章将数据模型与照相机进行比对，说明用于照相机的4种设置可以完美适用于数据模型。对数据模型设置的理解将极大增加应用程序开发成功的可能性。本章还比对了图像格式与数据模型，由此引入数据模型的3个层次：概念、逻辑、物理。

第 1 章 数据模型

我怎样才能到达目的地？
地图、设计蓝图、数据模型
请为我指引迷津。

当我又一次意识到自己完全迷路的时候，我懊恼地重重拍了一下方向盘。要知道，我正独自行驶在法国的公路上，赶着去参加一个非常重要的商务会议，而且此时距离天亮还有一个小时，还好我发现前方有一家正准备开张的加油站，我停下来，走了进去，并把目的地的地址拿出来给服务员看。

我不会说法语，那个服务员也不会讲英语，我需要帮助，但无法通过言语交流，幸亏他认出了我要访问的公司的名字，最后他拿出了纸笔，给我画了一张示意图。如图 1.1 所示，他用线条表示街道，用圆圈表示环岛路口并配有相应的数字表示出口，还用矩形框表示加油站（Petrol）和我的目的地（MFoods）。

这个由服务员绘制的地图里，只包含与我的行程相关的信息，在它的帮助下，我顺利抵达目的地。事实上，这张地图就是一个我旅行所需要的实际道路的模型。

地图是对复杂地理景观（geographic landscape）的简化，同理，数据模型也是对复杂信息景观（information landscape）的简化，本章将以冰淇淋和名片为例，介绍被誉为路径搜寻工具（wayfinding tool）的数据模型及其重要作用。

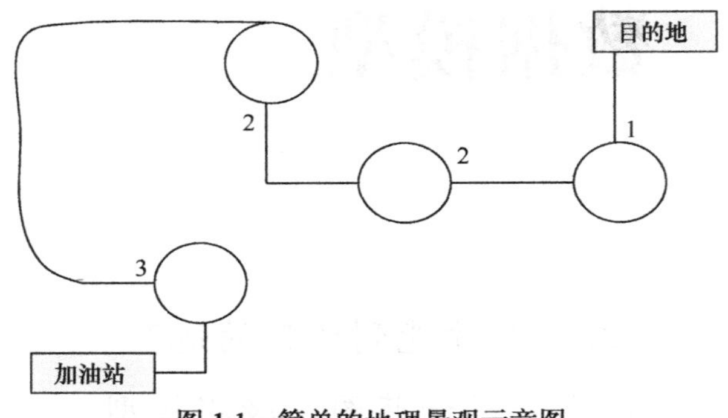

图 1.1 简单的地理景观示意图

1.1 路径搜寻说明

如果“数据模型”不能引起你或你的业务伙伴们的兴趣，你可以使用“路径搜寻（wayfinding）”予以替代，路径搜寻囊括所有被人类或动物使用的技术及工具，以实现从一个地点抵达到另外一个。如果一位旅行者用天空中的星斗导航，那么星斗便是他的路径搜寻工具，同理，地图、指南针也都是此类工具。

所有的模型也是路径搜寻工具。模型是一组文字及各类符号的集合，用来将一个复杂的概念简单化。我们生活在一个令人眼花缭乱的世界，人们很难将注意力集中在一些关键信息上，从而无法做出一个明智的决策。而地图可以帮助旅行者游览一座城市，组织结构图可以帮助员工理解组织间的相互关系，设计蓝图则可以帮助建筑师交流建造计划。所以，地图、组织结构图、设计蓝图都是对复杂事物的过滤和简化，以帮助人们理解现实世界，提高路径搜寻能力。

在法国的这次旅行，要不是加油站服务员绘制了地图，让我立刻明白如何抵达目的地，我可能得多花几个小时，并且不断碰壁。模型则使用一些标准符号让人们快速地理解相应的内容。例如，在服务员绘制的地图里，他用线条表示街道，用圆圈表示环岛路口，正是这些符号帮助我在脑海中映射出一条条街道和一个个路口。

1.2 数据模型说明

当我还在读大学的时候，课堂上教授们经常会在挂图板上写下大量内容，而学生们则疲于整理笔记。在这种情况下，“信息过载”（information overload）可以用来形容这种状况，即当前的信息量超出了大脑所能接受的最大信息量。此时最好在校园里闲逛一会，亦或打打网球，亦或玩半小时的太空入侵者游戏（Space Invaders），让身心得以放松，以便接受更多信息。然而现代社会，人们创造并接受越来越多的信息，但休息、放松的时间却越来越少。而且我经常听到这样的说法——在世界范围内，信息量以每年60%的速度递增，这让我不禁感叹，在如此众多的信息面前，我们真正掌握、理解的信息是多么有限。

幸运的是，数据模型这一工具可以帮助我们有效地简化所有信息。类似于路径搜寻工具，无论是商务专员，还是IT专家，都可以有效地使用数据模型，即利用一组符号、文本来准确表达真实信息的精简子集，以便改善某一组织内部的交流、沟通，并提供一个更灵活、更健壮的应用环境。例如，在法国地图上用线条表示公路。又如，在数据模型里可以把“客户”这两个字用矩形框起来，表示一些实际、具体的客户，如Bob、IBM、Walmart。

换言之，地图是对复杂地理景观的简化，而数据模型则是对复杂信息景观的简化。很多情形下，现实数据的极其复杂性使得数据模型看起来异常简单，例如服务员给我绘制的那些环岛路口。

数据模型是一组由符号、文本组成的集合，用以准确表达信息景观，达到有效交流、沟通的目的。描述信息景观的方式多种多样，本书主要使用矩形框、线段等元素描述数据模型，当然还可以使用统一建模语言（UML）

类图（Class Diagrams）、电子表格（spreadsheets）、状态转换图（State Transition Diagrams）。所有这些模型都可以视为在复杂信息世界里的路径搜寻工具，都可以显示对复杂信息世界的简化。

1.3 有趣的冰淇淋

电子表格可能是我们在日常工作生活中最熟悉的一种数据模型。电子表格是纸质工作表格的一种表示形式，表单中包含由行和列构成的网格，网格中的每个单元格都可以存放文本或数字，表单中的列通常表示不同类型的信息。假设我刚刚结束一段旅程返回罗马，我喜欢那里的冰淇淋（gelato），当我们一起走进一个冰淇淋店时，你应该会注意到几个表单，表1.1为一个冰淇淋口味列表，表1.2则包含了冰淇淋大小及价格信息。

表1.1 冰淇淋口味

冰淇淋口味
香蕉
卡布奇诺
巧克力
巧克力片
咖啡
猕猴桃
软糖
开心果
草莓
香草

表1.2 冰淇淋大小及价格

冰淇淋大小及价格
1匙 1.75
2匙 2.25
3匙 2.60

上述表单也是一个数据模型，因为它用一组符号集合（本例中用的是文本）来描述现实世界的一些事物（本例中描述了美味的冰淇淋口味及其价格）。你们猜猜我买了几匙巧克力口味的冰淇淋？

数据模式形式（data model format）是本书的主题之一，而且与上例中的表单非常类似。虽然数据模型是一个较宽泛的概念，但这里需要注意的是当使用数据模型这一术语时，其形式需引起我们足够的重视。但不同于数据表单，数据模型应满足如下要求。

- **只包含类型**：数据模型中通常无需显示，如巧克力或3匙，这样具体的数据，需要显示的是数据对应的概念或类型。比如，上述数据模型中显示的类型为冰淇淋口味，而非巧克力或香草这样具体的值，还显示了冰淇淋大小，而不是具体的值，1匙或2匙。
- **包含相互作用**：数据模型还需要抓住不同概念、类型间的相互作用。比如，冰淇淋口味与大小之间的相互作用是什么？如果有人要买3匙冰淇淋，那么这3匙是同一种口味，还是3种不同的口味。正如冰淇淋口味与大小间的相互作用，在一个数据模型中要求表述不同类型间的相互作用。
- **提供一个简洁的交流媒介**：比起仅使用数据表单进行交流，用包含数据模型的文档交流，其效率要高得多。数据模型显示各个类型，并用简单且有效的符号表达它们之间的相互作用。对于冰淇淋这个实例，为了有效描述各个类型以及它们之间的相互作用，显然数据模型是种更为精练的工具，而仅使用数据表单往往达不到这样的效果。

1.4 有趣的名片

名片（Business Card）包含了丰富的关于某人及其单位的信息。本书中，我会用名片作为基本模型，来阐述许多与数据模型相关的概念，通过构建一个名片数据模型，我们可以亲身感受到从具体的名片上能获得多少信息，或者从更广泛意义上的联系人管理领域能获得多少信息。

我打开床头柜抽屉（惊人的是自从 20 世纪 90 年代中期抽屉就未被整理过），抓起一把名片，铺在桌上，挑出最有趣的 4 张建模。第 1 张是我本人现在的名片。第 2 张是多年以前妻子和我创办的互联网公司的名片。还有一张是一位魔术师的名片，他曾经在我们的聚会上表演过。最后一张是我最钟爱的一家饭店的名片。为了保护个人隐私，我修改了姓名和联系方式，如图 1.2 所示。

findsonline.com
Internet Auction Experts
Steve@findsonline.com
Jenn@findsonline.com
Steve and Jenn
(973) 555-1212

图 1.2 床头柜里的 4 张名片

在这些名片上你能看到什么信息？

假设我们这次练习的目的是理解名片上的信息，并以实现一个成功的联系人管理应用程序为最终的目标。让我们先列出以下一些信息。

Steve Hoberman & Associates, LLC
BILL SMITH
Jon Smith
212-555-1212
MAGIC FOR ALL OCCASIONS
Steve and Jenn
58 Church Avenue
FINE FRESH SEAFOOD
President

我们很快就能意识到，尽管这里只处理 4 张名片，但是即便列出所有的信息，对于帮助理解数据模型也是非常有限的。进一步地，设想一下如果我们要处理的名片不仅仅局限于 4 张，而是扩大到床头柜里的所有名片，或者更糟，扩大到曾经收到的每一张名片！很快，数据量就超负荷了。

数据模型将数据汇总，从而让它们更容易理解。例如，我们查看下列数据，发现这组数据适合放在一个被命名为“公司名称”（Company Name）的数据组中（电子表格中的列标题）。

Steve Hoberman & Associates, LLC
The Amazing Rolando
findsonline.com
Raritan River Club

另外一个电子表格中的列标题应该为“电话号码”（Phone Number）。表 1.3 为一个列出部分名片信息的表单。

表 1.3 名片信息

	公司名	电话号码
名片 1	Steve Hoberman & Associates, LLC	212-555-1212
名片 2	findsonline.com	(973) 555-1212
名片 3	The Amazing Rolando	732-555-1212
名片 4	Raritan River Club	(908) 333-1212 (908) 555-1212 554-1212

再进一步做这个练习，我们可以将名片中的不同数据组织到以下各个组中。

姓名 Person name
职务 Person title
公司名称 Company name
电子邮箱 Email address
网页 Web address
通信地址 Mailing address
电话号码 Phone number
标志 Logo (the image on the card)
专业 Specialties (such as “MAGIC FOR ALL OCCASIONS”)

至此，结束了吗？这组列表就是一个数据模型？答案是否定的。我们丢失了一个关键要素：数据组之间的相互作用或关系。例如，公司名称和电话号码之间有什么关系？一个公司可以有多个电话号码吗？一个电话号码可以属于多个公司吗？没有电话号码，一个公司可以存在吗？在建立数据模型的过程中，这一类问题都需要被提出并解答。

为了建立任何一种路径搜寻工具，人们通常在迷路足够多次之后，才有可能发现正确的路径，例如第一个为某地区绘制地图的人，一定会花费很多时间，走过很多弯路，才能完成其工作。可见绘制地图是一个具有挑战性并需要一定时间花销的过程。

创建并完成一个数据模型往往会遇到相同的情形，与概念“数据模型”相应地还有一个概念“数据建模”。数据建模是建立数据模型的过程，更具体地说，数据建模为了明确某一组织结构及其操作，而使用一组技术和实施一些活动，即提出一个信息解决方案，从而实现该组织的某些目标。当然在数据建模过程中，还需要很多技能，如专心聆听，尽可能提出大量问题，甚至耐心。

数据建模者要求能与来自不同部门，具有不同技术背景，不同业务经验，不同技能水平的人员交流、沟通。在交流中，数据建模者不仅需要理解每个人员的观点，而且还需要通过反馈证明理解无误，最终作为组件，构建在模型中。在一个项目的初期，通常数据建模者没必要去处理所有数据模型所需的数据，但阅读大量相关文档、咨询数百个与业务有关的问题则是必要的。

1.5 练习 1：教教你的邻居

为了强化数据模型认识，读者可以试图向非 IT 人士，如邻居、家人或朋友，解释这一概念。

他们听懂了吗？

在本书的后面有关于如何解释数据模型这一概念的参考答案。

关 键 点

√ 路径搜寻囊括所有被人类或动物使用的技术及工具，以实现从一个地点抵达到另外一个地点。

√ 数据模型是一组由符号、文本组成的集合，用以准确表达信息景观，达到有效交流、沟通的目的。

√ 数据模型具有多种表现形式，而最常见并得到广泛理解的形式为电子表格。

√ 数据模型形式是本书的主题之一，它与电子表格非常相似，但数据模型基于类型，包含相互作用和可扩展性。

√ 数据建模是建立数据模型的过程，需要很多与技术无关的技能，如专心聆听，尽可能提出大量问题，甚至耐心。

第 2 章 为什么需要数据模型

笼统地讲
数据模型是精确的
0，1……还是很多。

数据建模是构建应用程序的必要组成部分。数据模型之所以如此重要，是因为它所带来的两大核心价值——交流性及精确性。数据模型可以有效应用于业务及应用程序开发领域，本章则通过讲述数据模型在这两个领域的使用，阐明数据模型的两大核心价值，你将学习到数据模型对交流的促进作用和能削弱数据模型精确性的 3 种情形。

2.1 交流性

来自不同部门、职能区域，以具有不同技术背景和业务经验的各类人员时常需要就业务问题进行讨论并最终做出决策。讨论中，需要明确对方对诸如“客户”“销售”等这类概念的观点。数据模型作为一种理想的工具，可以有效达到理解、记录并最终协调不同观点的目的。

当我身在异国，无法进行言语交流时，那位加油站服务员为我绘制的地图模型，使我明确了如何抵达目的地。无论我们想尝试着去了解某一业务中的一些重要概念如何与其他概念相关联，还是想了解一个已经使用了近 20 年的订单处理系统的运作，数据模型都是一个用于解释信息的理想工具。

借助数据模型，我们可以在不同的细节水平上交流相同的信息。例如，前不久我们构建了一个用于描述快餐领域消费者间相互作用和影响的高层次数据模型。于是，当有消费者电话投诉公司产品时，我们所构建的模型将存储该投诉以及与其相关的信息。可以看出在这个项目中，那些重要的商务客户就与我们建立的这个高层次数据模型所展示的内容相关联。数据模型有助于限定项目范围，帮助理解诸如客户、产品及相互作用等关键观念，帮助建立融洽的业务关系。几个月之后，我们使用更细化的模型来描述消费者间的相互作用信息（consumer-interaction information），并向业务报表制作者说明，在每一种选择条件下，哪些信息将出现在报表中。

基于数据建模的交流，并非只是在建模结束后才开始的。事实上，伴随着数据建模进程，需要更多的交流和知识分享，即交流沟通在建模中与建模后都同样具有价值。下面让我们一起领略建模过程和建模结果所带来的交流价值的更多细节。

2.1.1 建模过程中的交流

在建立数据模型的过程中，我们必须分析数据及数据间的关系，我们别无选择，必须对所要模型化的内容具有清晰的认识。人们在建模过程中，相互挑战、质疑，从而获得与术语、假设、规则和概念相关的大量知识。

在为一家大型制造业公司建立配方管理系统（recipe management system）数据模型的过程中，我惊讶地目睹了具有多年工作经验的项目组成员就“组件”（Ingredient）的概念和“原材料”（Raw Material）的概念是否存在差别进行辩论，经过 30 分钟有关组件与原材料的讨论，每一位参加建模的人员都从中受益，当结束建模会话（modeling session）时，他们都对配方管理有了更深入的理解。又如，以模型化名片为例，在建模过程中，将学习到许多有关人员、公司和联系人管理的共识。

2.1.2 建模过程后的交流

创建并完成的数据模型是讨论在应用程序中哪些模块应该被构建的基础，甚至更底层的，借以数据模型讨论业务流程或程序功能模块如何运作。数据模型像一张可反复使用的地图，无论是分析师、建模者，还是开发者，都可以利用它，了解他们各自关心的对象如何工作，正如第 1 位地图制作师需要经历艰苦的学习，才能准确记录下地理景观，为他人导航。与此极其相似的是建模者也需要经历类似的训练（痛苦但却有益）以便让其他人能够理解一个信息景观（information landscape）。

当我准备进入一家大型制造业公司工作之前，我的新任主管给了我一本公司手册，其中记录了一组与公司有关的数据模型，当我阅读了好几遍之后，我已经对公司业务中的重要概念和业务规程相当熟悉了。所以，在我工作的第一天，我已经掌握了大量关于公司业务运作的信息，甚至当同事们提及一些专有术语的时候，我也能熟知它们的含义。

就上一章提到的名片，一旦完成相应的数据模型，其他人就可以通过该模型了解联系人管理了。

2.2 精确性

数据建模的精确性指的是阅读模型时，其中的每一个符号和条目都是清晰、无二义性的。你可能与其他人争议所使用的规则是否准确，但这与我们所强调的模型的精确性是不一样的概念。换言之，如果你看到模型中的某一符号并说“我看见了 A”，那么另外一个看到这一符号的人不可能说“我看见了 B”。

再回到那个名片的例子，假设我们定义“联系人”为名片上所罗列的人或公司，或许有人提出“一个联系人有多个电话号码”。显然这个表述是不精确的，因为我们不确定一个联系人是否可以没有电话号码，或者必须有一个电话号码，或者必须有多个电话号码。类似地，我们不明确是否允许出现一个未与任何联系人关联的电话号码，或者一个电话号码必须属于某一位联系人，或者可以属于多位联系人。数据模型提出的精确性，要求将这些模糊的表述转换为以下断言。

- 每一位联系人必须和一个或多个电话号码关联。
- 每一个电话号码必须属于一位联系人。

由于数据模型引入了精确性，所以无需试图花费宝贵的时间来解释模型，相反，时间可以用来讨论、验证一些与建立某一模型相关的概念。

但是在 3 种情况下，数据模型的精确性可能降低。

1．**弱定义**：如果对一个数据模型中的一些条目（terms）的定义，缺乏根据或压根不存在，那么此时极有可能对这些条目产生多种理解。如果数据模型中的一则业务规则规定每一位雇员（Employee）必须拥有一套福利计划，同时又将“雇员”定义为碳基生物形式这样一种缺乏现实意义的表述，那么我可能认为“雇员”包括“工作申请人”，而你可能认为不包括“工作申请人（Job Applications）”，所以你我之间必将有一位是错误的。

2．**伪数据**：第 2 种情形出现在当某一数据超出了常规的取值，而我们又希望将其引入特定的数据记录中。一个绕开数据模型严谨性（rigor of data model）的老把戏是扩大数据模型可能包含的数据值。例如，出于某种考虑，要求联系人必须有至少一个电话号码，而如果要添加到应用程序的联系人并没有电话号码，那么某位程序使用者可能为该联系人创建诸如“不可用”“99”或其他假电话号码，该联系人最终被添加进了应用程序。这个例子中，使用伪数据将一位没有电话号码的联系人添加进了应用，从而违背并规避了我们最初制定的业务规则。

3．**模糊或缺失的标签**：阅读一个数据模型类似于阅读一本书，应该有正确的句子结构，动词是句子中非常重要的组成部分。对于数据模型，这些动词用来描述模型中一些概念间的相互关联。以“客户（Customer)”和“订单（Order)”这组概念为例，可以通过动词“订购”（place）把它们相互关联，即“一位客户可能会订购一个或多个订单”。而诸如“联系”“有”等模糊的动词，或者缺少动词，将降低整个数据模型的精确性，正如我们不能准确理解一个句子的含义一样。

数据模型的精确性还源于使用了一组标准的符号集合，那家加油站服务员为我绘制的交通图使用了标准符号，于是人人都能理解。我们马上就会学到一些数据模型中使用的标准符号。

2.3 使用数据模型

从传统的角度来讲，不仅要求对一个新的应用进行不断的分析与设计，以明确所有满足该项目的必备条件，还应该对现有数据库具有完整、正确的认识，并在此基础上完成数据模型的构建。由于模型的精确性，数据模型还可以被用于以下几种情况。

理解已有应用程序。数据模型提供了一个简单而精确的视角，用来观察某个应用程序所涉及的概念。我们可以通过考察一个现有应用程序的数据库，并根据该数据库结构创建出一个数据模型。“逆向工程”（reverse engineering）这一专业术语，即表示根据现有的应用构建出数据模型的过程。不久前，一家制造业机构需要将一个已使用了25年的应用系统迁移到一个新的数据库平台，对于这个庞大的应用系统，为了掌握理解它的结构，我们将数据库逆向工程为一个数据模型。

风险管理。通过数据模型可以获取一些概念及概念间的相互作用，并且这些概念及相互作用受到程序、项目开发的影响。对一个现有应用程序进行结构性添加或修改将产生什么影响？有多少应用程序结构需要备份？

现在有很多机构购买一个软件后会再对其进行自定义修改。影响分析（impact analysis）是进行风险管理的一种方法，借助数据模型进行影响分析，来明确对所购买的软件进行结构修改会产生什么影响。

了解业务。开展一个大型项目开发的必要条件是在了解应用程序如何辅助业务开展之前，你最好先去了解相关的业务流程。例如，在开发订单录入系统之前，得先了解订单录入的处理过程。我最欣赏的一句话源自威廉·肯特（William Kent）1978 年所写的一篇名为“数据与实现”（Data and Reality）的文章，文中当肯特论述到创建一个数据库来存储图书信息所需要的步骤时，他写到：所以需要再次强调的是如果计划创建一个图书数据库，在还未了解某个概念的准确含义之前，最好在所有用户中达成共识，如什么是“一本书”。

培训团队成员。当新成员想要尽快跟上进度或开发者想要了解需求时，数据模型可以作为一个非常有效的阐述工具。一位新人无论何时加入我们的部门，我都会花费一些时间，通过一系列数据模型尽可能快地给他传授一些相关概念。

2.4 练习 2：转变非信仰者

在你所在的组织中找到一位数据模型的非信仰者，并试图转变他。你都碰到了哪些障碍？你是否说服了他们？

关 键 点

√ 数据建模的两大核心价值是交流性及精确性。

√ 无论是建模中，还是建模完成后，都需要进行交流、沟通。

√ 如果存在弱定义、伪数据、模糊或缺失标签等 3 种情况，数据模型的精确性将会降低。

√ 交流性和精确性使得数据模型成为一种构建应用程序的出色工具。

√ 数据模型还可以被应用于理解已有应用程序、了解业务、执行影响分析和培训团队成员。

第 3 章 哪些相机设置也适用于数据模型

相机设置

变焦、对焦、定时器、滤镜

数据模型也一样。

本章将数据模型与相机比较，解析 4 种相机上的设置，它们完美诠释了数据模型，理解这些设置对数据模型的影响，将有助于增加一个应用项目成功的几率。同时，本章还对比了 3 个层次上的图像格式，从而理解概念模型、逻辑模型和物理模型。

3.1 数据模型与照相机

一个相机上可以使用很多设置，来确保拍出动人的画面。想象一下，你正用相机瞄准一个美丽的落日场景，即使面对同一场景，如果使用不同的对焦、定时器或变焦设置，那么你可能也会拍到完全不同的照片。例如，你可以推远镜头以捕获尽可能多的落日画面，还可以拉近镜头，将画面集中在一位在落日中漫步的游客的身上，这完全取决于你想要将什么呈现在照片中。

变焦、对焦、定时器、滤镜是与相机有关的 4 种设置，它们都可以被直接变换到数据模型上，如图 3.1 所示，每种相机设置都对应于一个数据模型的特征。

图 3.1 相机设置向数据模型的变化

通过变焦设定，可以允许摄影者捕获一个广阔的场景而忽略一些小细节，或者捕获一个强调细节的狭窄范围。类似地，对数据模型的范围（scope）设置可以改变一个数据模型所能呈现的信息量大小。相机的对焦设置可以决定照片中的景物是锐化的（sharp），还是模糊的（blurry）。类似地，对模型的抽象（abstract）设置则可以使用诸如同类（party）、事件（event）等通用概念来“模糊”（blur）概念间的区别。定时器可以用来设定一个实时快门，或一段时间之后的快门。类似地，对数据模型的时间（time）设置则可以用来获取一个当前的视角或未来一段时间后的视角。滤镜设置可以用来调整整个画面的外观，产生某种特定的视觉效果。类似地，数据模型的功能（function）设置则可以用来将模型调整到业务视觉或应用程序视角。

同时，不能忽略图像类型的重要性。摄影校样（proof sheet）允许在一张纸上展示所有的图像，而底片为 Raw 格式的图像，其可以输出很多种图像格式，包括胶片、幻灯片或数字图像。类似地，相同的信息图像（information image）能够存在于数据模型的概念、逻辑、物理等 3 个不同的细节层次上。

哪种设置适合于你的模型？正如落日下的摄影，这取决于你想要捕获什么。用适当的模型设置匹配你的模型目标，可以提升数据模型以及它所支撑的应用项目的质量。

3.2 范围

数据模型和相片都有相应的边界，边界决定了能够被显示的事物。一张照片可以捕捉到我的小女儿正享受冰淇淋时的情景（实际上，她的整个面部都在享受着冰淇淋），或者可以捕捉到我女儿及其所处的环境，如冰淇淋店。类似地，数据模型可以只包含索赔过程（claims processing），或者还可以囊括所有保险业务中概念。典型的情况下，数据模型范围可以是一个部门、一个组织或一个行业。

- **部门（工程）**。最常见的建模任务类型是工程级范围（project-level scope），工程是完成软件开发任务的计划，经常由一组在指定日期之前可交付的成果所定义。例如，可以包括销售数据集市（sales data mart）、经纪人交易应用（broker trading application）、预定系统（reservation system）及对现有应用的加强。
- **组织（应用程序）**。应用是一种大型的、集中组织的计划，其中可能包含多个工程。通常应用具有起始日期，但如果成功，则没有结束日期。应用可能是非常复杂且需要长期模型化的任务。例如，可以包括数据仓库（data warehouse）、操作数据存储（operational data

store）及客户关系管理系统（customer relationship management system）。

- **行业**。一份行业计划被设计，旨在获取行业中的一切，如制造业或银行业。很多行业都在进行大量的工作，致力于共享一个共用的数据模型。如健康卫生和电信等行业联盟，都在从事共用数据模型结构的开发，这类共用结构可以加速应用程序开发以及方便同行业中不同组织间的信息共享。

3.3 抽象

一副照片可以是模糊或清晰的。类似于如何对照相机进行对焦，使得图片变得锐化或模糊，模型的抽象设置允许你表现“锐化”（concrete 具体）或“模糊”（generic 通用）的概念。

通过重定义和对模型中的一些属性、实体、关系进行合并，得到一些通用的概念，这样为数据模型带来一定的灵活性。抽象是指去除部分细节而保留一些重要的属性、概念或主题的必要本质，从而扩展适用性，满足更宽泛的应用需求。通过去除细节，消除分歧，改变我们看待这些概念或主题的方式，此时我们或许可以看到那些之前不太明显，甚至未曾发现的东西。例如，可以将“员工”“顾客”抽象为一个更通用的“人”的概念，人可以担任不同的角色，员工、顾客只是其中的两种，更多的数据模型抽象能将该模型变得更宽泛、通用。对于数据模型，概念可以被不同层次地抽象：“业务云”“数据库云”或“地面上”。

- **在业务云中**。在这一级别的抽象中，只有通用的概念被应用于数据模型，业务云模型通过使用诸如人（Person）、交易（Transaction）和文档（Document）等通用概念，隐藏许多现实复杂性。实际上，当使用业务云的概念时，糖果公司和保险公司变得非常相似，倘若你缺乏对某一业务的认识，或不能获取到一些业务文档和资料，一个业务云中的模型将能很好地运作起来。

- **在数据库云中**。在这一级别的抽象中，只有通用的数据库（database，DB）概念被应用于数据模型。数据库模型是最容易被创建的，它使用诸如实体（Entity）、对象（Object）和属性（Attribute）等数据库概念。如果你不清楚业务如何开展，而又想要覆盖所有行业的所有领域，那么一个数据库云中的模型将能很好地运作起来。
- **在地面上**。这类模型对应于少量的业务处理，并使用尽可能少的数据库云实体，而使用大量能代表具体业务术语的概念。比如数据模型得花费大量时间来创建学生、课程、教师等 3 个概念，并允许增加一些具体的值来帮助理解业务处理、解决数据问题。

3.4 时间

大部分照相机具有定时器功能，使得摄像者可以在设定定时器后，快跑并把他自己也拍摄进画面中。类似于应用照相机定时器可以拍摄一幅当前或一段时间之后的场景，数据模型的时间设置允许将一个当前或未来的视角表现在模型上。

一个数据模型可以表示当前的业务运转，也可以表示未来一段时间后可能的业务状况。

- **当前**。一个带有当前设置的模型可以获取当前业务运作的信息。即便存在一些陈旧的业务规则，它们也得出现在模型中，即使在不久的将来这些规则要被修改。另外，如果一家企业正计划购买另一家公司，或出售一家公司，或者正在改变经营种类，那么当前视图也不会显示任何一个上述正要发生的变化，而仅仅只能表现出目前的状况。
- **未来**。一个带有未来设置的模型可以表现未来任意一个时间阶段的业务。通常这种模型是一个理想状态下的视角，无论过去了 1

年、5 年，还是 10 年，未来设置总能体现该组织的发展方向。如果一个模型需要支持某个组织的发展规划和战略布局，那么设定一个未来设置将是其首选。我曾经作为负责人为一所大学构建模型，由于有大量的应用迁移要在一年内完成，所以这个模型需要表现出一年以后的情况。还需注意的是对于大部分组织，如果需要一个未来的视角，通常必须首先创建一个当前的视角作为起始点，这样做没有什么不妥，正如一位摄影者可以对一个场景拍摄多幅照片，那么一位数据模型的创建者也可以用不同的设置去创建多个模型。

3.5　功能

滤镜是一组覆盖在相机镜头上的塑料和玻璃材质的滤光片，可以用不同颜色的滤光片对照片进行调整，例如，让照片看起来更蓝或更绿，与相机滤镜可以改变场景的外观一样，数据模型的功能设置则允许一个数据模型表现为业务视角或功能视角。我们正在模型化一个业务视角下的世界，还是应用程序视角下的世界？有时它们一致，但有时它们有很大的差别。

- **业务**。这种过滤器使用的是业务术语及规则，而模型呈现与应用无关的视角，无论某一机构是用文件柜存储信息，还是使用最有效的软件系统。在模型中，这些信息将会被一些业务概念表示。
- **应用程序**。这种过滤器使用的是应用程序术语及规则，是用应用程序的观点看待业务运作而形成的视角。例如，应用程序使用术语“对象”来表示“产品”，则产品会以“对象”的形式出现在模型中，而且是以应用程序定义术语的方式进行定义，而不是用业务处理的方式进行定义的。

3.6 格式

正如一台照相机可以用多种不同的格式获取图像，数据模型的格式设置可以用来调整模型的细节水平，让模型呈现出很宽泛、高层次的概念视图（conceptual view）或呈现出能反映更多细节的逻辑或物理视图（logical or physical view）。

- **概念视图**。通常当一组照片被冲洗时，一份校样会包含每一幅照片的缩略图，则观察者可以用一张相纸得到一个全景的视角，这里的全景视角类似于概念数据模型（conceptual data model，CDM）。概念数据模型可以在一个很高的层次上表示业务，这种很宽泛的视图仅包含给定范围内的一些基本、关键的概念。这里的“基本”意味着在一天的交谈中一些概念会被很多次地提及。“关键”意味着倘若没有这些概念，部门、公司、行业会被极大地改变。有的概念是所有组织通用的，如“顾客”“产品”和“员工”，而有的概念则特定于某一行业或部门，如保险领域中的“政策”，或中介行业中的“交易”。
- **逻辑视图**。在数码相机问世之前，一卷冲洗过的胶片可以得到一组底片，这些底片可以用来很好地观察所拍相片，这里底片类似于逻辑数据模型（logical data model，LDM）。逻辑数据模型描述了一份详细的业务解决方案，这使得建模者不用创建与软硬件实现有关的复杂数据模型，就能掌握相应的业务需求。
- **物理视图**。虽然底片是一种很好的观察相片的视角，但它其实并不实用。例如，你不太可能将底片置于相框或相册中拿去与朋友分享，你应该转换或“实例化”（instantiate）底片为照片、幻灯片或数字图像。相似的，逻辑数据模型需要被修改成更实用的物理数据模型（physical data model，PDM）。它是逻辑数据模型的化身（incarnation）

或实例化（instantiate），类似于照片是底片的化身，物理数据模型表示详细的技术解决方案，是对特定环境的优化（诸如特定的软件或硬件环境）。物理数据模型是在某种特定环境下，对逻辑模型执行力的修改、增强，在该环境中数据将被创建、维护和访问。

3.7 练习3：选择正确的设置

在下列列表中，为每种情形选出最适当的设置，参考答案在书的后面。

1．给一位项目组开发人员解释现存的联系人管理系统是如何工作的。

范 围	抽 象	时 间	功 能
□ 部分	□ 业务云	□ 当前	□ 业务
□ 组织	□ 数据库云	□ 未来	□ 应用程序
□ 行业	□ 地面		

2．向一位新员工解释制造业涉及的关键概念。

范 围	抽 象	时 间	功 能
□ 部分	□ 业务云	□ 当前	□ 业务
□ 组织	□ 数据库云	□ 未来	□ 应用程序
□ 行业	□ 地面		

3．获取一份关于新的销售数据集市的详细需求（数据集市是为了满足一些特定用户需求而设计的一种数据仓库）。

范 围	抽 象	时 间	功 能
□ 部门	□ 业务云	□ 当前	□ 业务
□ 组织	□ 数据库云	□ 未来	□ 应用程序
□ 行业	□ 地面		

关 键 点

- √ 照相机上有 4 种设置，变焦、对焦、定时器、滤镜，它们都可以被直接转换到数据模型上。变焦可以转换为数据模型的范围。对焦可以转换为数据模型的抽象。定时器转换为时间设置，用来决定数据模型获取当前的视图，还是未来的视图。过滤器转换为功能设置，用来决定数据模型获取的是业务视角，还是应用程序视角。
- √ 用适当的模型设置匹配建立模型的目标，可以提升数据模型以及它所支撑的应用项目的质量。
- √ 不要忘记关于图像格式的可选项！人们更喜欢去看一份校样（概念数据模型）、底片（逻辑数据模型），还是图片（物理数据模型）？

第 2 部分

数据模型要素

第 2 部分将解释数据模型中所使用的符号及文本。第 4 章解释实体，第 5 章则关于属性，第 6 章讨论关系，第 7 章说明键。当完成了本部分的学习，你将可以读懂任意规模、复杂度的数据模型。

第 4 章介绍了实体（entity）的定义并讨论了不同种类的实体，实体实例也将于本章介绍。同时，对实体上存在的 3 种层次——概念、逻辑、物理也做了相应的说明。进一步地还介绍了与弱实体（weak entity）相关的概念。

第 5 章介绍了属性的定义并讨论了域的概念，而且还给出了 3 种不同域类型的实例。

第 6 章介绍了规则和关系的定义，数据规则有别于行为规则。另外，基数和标签也将会被阐述。由此使得能像阅读小说那样轻松地读懂任何数据模型。递归关系（recursive relationships）、子类型（subtyping）等关系类型也将被讨论。

第 7 章介绍了键的定义，并对候选键、主键、备用键等术语加以区分，而且还将介绍代理键、外键的定义，并对它们的重要性加以解析。

第 4 章 实体

有趣的概念

谁、什么、何时、何地、为何及如何

实体比比皆是。

当我在教室中来回踱步，想看看是否有学生会有疑问时，我注意到坐在最后一排的一名同学已经完成了练习，我走到她的座位旁，只看见她在纸上画了几个矩形框，其中有一个大点的矩形框里面写着“生产”，我询问她如何理解所定义的“生产”，她回答说：“生产是一个将原材料加工成最终产品的过程，所有的生产步骤都被包含在这个矩形框中”。

事实上，数据模型中的矩形，即实体，不是被设计用来表示或包含处理的。相反，实体是用来表示在处理中所使用到的一些概念。那名同学所设计的模型里的“生产”实体，事实上可以被最终转化成其他的几个实体，包括“原材料”“最终货物”“机器”“生产计划”等。

本章定义了实体的概念，并讨论了实体的不同种类（谁、什么、何时、何地、为何及如何），同时，对实体的 3 个层次——概念、逻辑、物理加以解释，进一步地，还介绍了与弱实体相关的概念。

4.1 实体的说明

一个实体表示的是对于业务非常重要或值得获取的事物及与之相关的信息集合。每个实体都由一个名词或名词词组定义，并符合六大种类之一：谁、什么、何时、何地、为何及如何。表 4.1 为实体种类的定义及相应的实例。

表 4.1　　实体信息

种类	定义	实例
谁	对企业有益的人或组织，即“业务中，谁是重要的？”通常人或组织与某一角色关联，如“顾客”或“供应商”	Employee、Patient、Player、Suspect、Customer、Vendor、Student、Passenger、Competitor、Author
什么	对企业有益的产品或服务，通常可以理解为：组织会把什么保留在它的业务内，即对业务而言重要的东西是什么	Product、Service、Raw Material、Finished Good、Course、Song、Photograph、Title
何时	对企业有益的日程或时间间隔，即业务何时运作	Time、Date、Month、Quarter、Year、Semester、Fiscal Period、Minute
何地	对企业有益的位置，位置可以是一个实际的地点，也可以是一个电子化的虚拟场所，即业务在哪开展	Mailing Address、Distribution Point、Website URL、IP Address
为何	对企业有益的事件或交易，这些事件保证业务的运转，即业务运转的原因	Order、Return、Complaint、Withdrawal、Deposit、Compliment、Inquiry、Trade、Claim
如何	对企业有益的事件的文档，文档用来记录事件，如“采购订单”里记录了一次订购事件，即在业务中事件如何被跟踪	Invoice、Contract、Agreement、Purchase Order、Speeding Ticket、Packing Slip、Trade Confirmation

实体实例是一个具体实体的呈现或者说是实体的值。试想将一个电子表格当作一个实体，其中列标题代表实体应该记录的一些信息，每个电子表格行包含的实际值则为一个实体实例。例如，实体“顾客”可以被一些如 Bob、Joe、Jane 等具体的姓名实例化，实体“账户”则可能有诸如 Bob 的支票账户、Bob 的储蓄账户、Joe 的经纪人账户等实例。

4.2 实体类型

数据模型之美在于你可以根据不同的受众把相同的信息以不同的细节水平呈现出来。上一章介绍了 3 种细节水平：概念、逻辑、物理。实体是所有 3 个细节水平的组成部分。

实体可以在概念、逻辑和物理 3 种层次上被描述。概念意味着高层次的业务流程的解决方案或应用程序频繁定义的范围和重要术语。逻辑意味着业务流程的详细解决方案或应用程序。物理意味着应用程序详细的技术解决方案。

那些基本、关键的业务信息，才能与实体的概念层相关，而什么是基本且关键的信息，这很大程度上取决于所关注的范围。在一个普遍的范围内，有一些最常见的共识概念，例如，“顾客”“产品”和“员工”。如果将范围缩小一点，一个给定的行业可能会产生一些特定的概念，对于广告行业，“宣传”可以是一个有效的概念，但对于其他行业则不尽然。

在逻辑层上描述的实体，使用了比概念层更多的细节来描述业务。通常，一个概念实体可以被表示成多个逻辑数据模型实体，逻辑实体中包含的属性（attributes）将在第 5 章讨论。

在物理层上，实体对应于某种特定技术的对象。例如，关系型数据库管理系统 RDBMS 中的数据库表，又如 NoSQL 数据库 MongoDB 中的集合（collection）。物理层与逻辑层非常相似，但是往往需要一些技术在数据库执行性能及数据存储上找到相应的解决方案。物理实体还包含一些与特定数据库相关的信息，例如，属性的格式或长度（作者的姓氏，长度50个字符），或者属性是否需要被赋值（作者税号不为空，故需要赋值，作者生日可为空，故可以不赋值）。

在关系型数据库（RDBMS）中，物理实体对应于数据库表或视图。而在NoSQL数据库中，物理实体的转换取决于底层技术，例如，在一个基于文档的数据库MongoDB中，实体对应于集合（collection）。而通用术语结构（structure）指的是底层数据库组件，与具体的RDBMS或NoSQL数据库解决方案无关。

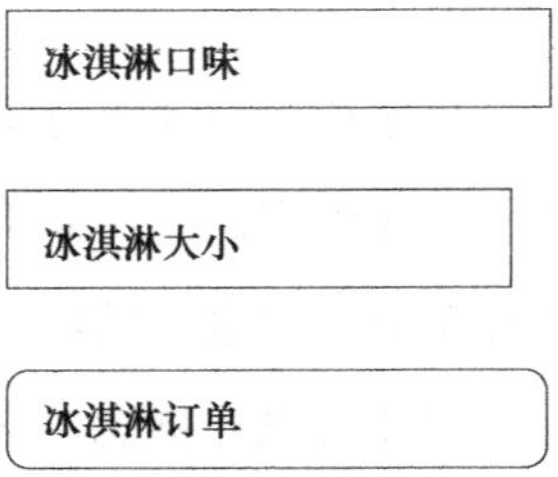

冰淇淋口味

冰淇淋大小

冰淇淋订单

图4.1 实体的表示

图4.1所示为几个与冰淇淋店有关的实体，每个实体用包含实体名的矩形框表示。

需要注意的是有两种类型的矩形框，例如，冰淇淋口味、冰淇淋大小那样的直角矩形框，还有如冰淇淋订单那样的圆角矩形框。这里并不打算用过时的建模术语来区分两种矩形框，只需明确对于大多数建模工具来说，直角框表示强实体，圆角框表示弱实体。

强实体可以独立存在，用来表示相对独立的人、事或地点。例如，为了检索某位特定顾客的信息，可以在数据库中使用顾客号进行查找。“这是Bob，顾客号为123”。巧克力风味的冰淇淋可以用C进行检索，冰淇淋大小为两匙的信息可以用数字2进行检索。

弱实体至少依赖于一个其他的实体，这意味着如果不引用其他实体的实例，就无法检索弱实体的实例，例如，冰淇淋订单可以由冰淇淋口味或冰淇淋大小，再结合冰淇淋订单中的某些内容（如序号）进行检索。

数据模型是一种交流工具。理解强实体、弱实体间的差别将有助于我们理解实体间的关系和依赖。例如，在阅读数据模型时发现冰淇淋订单是依赖于冰淇淋口味的弱实体，于是在软件开发过程中就应该确保冰淇淋口味信息先于订单提交被添加，即提交一份巧克力冰淇淋订单之前，作为冰淇淋口味的“巧克力”需要在软件系统中可用。

4.3 练习 4：定义概念

列举 3 个你所在机构的概念。机构中对这 3 个概念是否有唯一共识的定义？如果不是，为什么？你是否可以为每一条给出一个单独的定义？

关 键 点

√ 一个实体表示的是对于业务非常重要或值得获取的事物及与之相关的信息集合。实体应该符合六大种类之一：谁、什么、何时、何地、为何及如何。

√ 实体由名词或名词词组定义。

√ 实体实例是一个具体实体的呈现或者说是实体的值。

√ 实体可以存在于概念、逻辑、物理等 3 种细节水平上。

√ 实体可分为强实体和弱实体。

第5章 属性

电子表格由各列构成，

属性类似于列，

模型无处不在。

本章介绍属性的概念及属性可存在的 3 个不同层次——概念、逻辑、物理。域及不同类型的域也将被讨论。

5.1 属性的解释

属性是一则相对独立的信息，其值用以识别、描述、评估实体实例。例如，属性“索赔号”可以识别每个索赔，属性“学生的姓氏”用来描述学生。属性“销售总额”用来评估交易中获取的财政收入。

以电子表格为例，电子表格中的列标题就是属性。每个列标题下方一个个单元格用来存储相应属性的值。我们可以将电子表格中的列标题、表单中的域、报表中的标签都理解为属性。“冰淇淋风味名”“冰淇淋大小代码”是关于冰淇淋店的属性，而“公司名”“电话号码”是关于名片的属性。

5.2 属性类型

与实体类似，属性也可以在概念、逻辑、物理等 3 个层次上加以描述。

概念级属性必须是对业务起着基本且又关键影响的概念。一般情况下，属性不被当作概念，但这取决于业务需求，允许例外。以前，我曾为一家通信公司提供数据建模服务，在其他应用中电话号码通常被视为属性，但它对于这家通信公司的业务却非常重要，所以电话号码被表示成了概念数据模型中的概念。

逻辑模型中的属性则描述的是业务特征。每个属性对于业务解决方案都有不同程度的贡献，并且与任何软、硬件技术无关。例如，“冰淇淋口味名”就是一则逻辑级属性，因为它对业务解决方案有重要意义，而且并不取决于到底存储在纸质文件中，还是存储在高速数据库中。与物理数据模型对应的属性可以被理解为一个物理“容器”，用来存储数据，属性“冰淇淋口味名”在 RDBMS 中可以被表示为 ICE_CRM 表中的 ICE_CRM_FLVR_NAM 列，或者在 MongoDB 数据库中被表示为 IceCream 集合中的字段 IceCreamFlavorName。

需要注意的是本书中为了保持文字上的一致性，我们使用的是“属性”（attribute）。但在实际工作中，我则建议使用那些更容易让用户接纳的术语。例如，有的业务分析师可能更倾向于使用特征（property）或标签（label），而有的数据库管理员或许更习惯使用列（column）或字段（field）。

5.3 域的解释

域是某一属性所有可能取值的集合。域中往往还包含一组验证标准，使得域可以被多个属性使用。例如，“日期”域中包括所有的合法日期，它可以被应用于以下这些属性。

- 雇员入职日期
- 订单输入日期
- 索赔提交日期
- 课程开始日期

如果属性与域相关联，那么该属性的取值绝对不允许超出该域，域中的值可以由一组特定的数据列表指定，也允许由一组规则指定。例如，“员工性别”可以由取值为“男”和“女”的域限定。“员工入职日期”可以由一组规则限定，如取规则为“合法日期”，则其可能取值如下。

- February 15th,2005
- 25 January 1910
- 20150410
- March 10th,2050

由于员工入职日期应该被设定为一个有效的日期，故February 30th被排除。在此基础上，还可以用一组附加规则来限定其域。例如，限定员工入职日期的域为早于今天，这样March 10th,2050被排除，又如果限定其格式为YYYYMMDD（年、月、日串联日期格式），除了20150410之外其他的都应被排除。还可以使用精简的数据集合来限定员工入职日期的域，即规定该日期必须符合星期一、星期二、星期三、星期四、星期五中的一个（典型的工作日）。

在名片实例中，“联系人姓名”可能包含数千种，甚至数百万种取值，如图1.2给出的4张名片，其姓名为：

- Steve Hoberman
- Steve
- Jenn
- Bill Smith
- Jon Smith

姓名域应该需要稍作精简，有必要明确此域的域值是否必须由姓和名两部分构成，如Steve Hoberman，还是可以仅包含名，如Steve。该域可以包含公司名吗，如IBM？这个域是否允许出现数字，而不仅仅是字母，如来自电影星际大战的名字R2D2？这个域是否可以出现一些特殊的字符，如

O(+>?O(+>，该字符串是音乐王子在 1993 年把他的名字变成这种不能发音的“爱的符号”。

以下为 3 种基本的域类型。

① **格式域**将数据指定为数据库中的标准类型，如整型（Integer）、字符型（Character（30））、日期（Date）等都是格式域。

② **列表域**类似于一个下拉列表，它由一个可选的有限值的集合组成，列表域是格式域的精简，如“订单状态代码”的格式域可以被置为 Character(10)，在此基础上该域可以由一个（Open、Shipped、Closed、Returned）列表域进一步精简。

③ **范围域**的设置要求取值介于最小值与最大值之间，例如，“订单交付日期”必须为从今天到未来 3 个月中的某天。与列表域类似，范围域也是格式域的精简。

基于以下几个原因，域是非常有用的。

① **插入数据前，通过域的检查来提高数据质量**。这是域存在的主要原因，通过限定属性的可能取值来降低脏数据进入数据库的可能性。例如，每一个表示金额的属性被设置为“数量域”，该域要求数字的长度上限为 15 且包括小数点后的两位，显然这是表示货币数额很好的一种方法，“销售总额”若被设置为“数量域”，则不允许如 R2D2 这样的值被添加。

② **数据模型的交流性更强**。当我们在数据模型上设置了域，就意味着数据模型的一个属性必须具备一个特定域的特征，这样数据模型就变成更容易被理解的交流工具。例如，我们可以让“销售总额”“净销售额”“标价销售额”3 个属性都可以共享一个“数量域”，进而共享域的特征，它们的取值都被限定为“货币”。

③ **使得新建模型、维护现有模型变得更有效率**。当一位模型构建师开始一项新工程时，可以使用一组标准域来节省时间，而无需重新创建。例如，所有与数量有关的属性，都可以同时与数量域关联，这样可以极大节

省分析、设计时间。

5.4 练习5：设置域

为下列3个属性设置适当的域？

- 电子邮件地址
- 销售总额
- 国家代码

关 键 点

√ 对业务而言，属性是非常重要性的特征，其值用以识别、描述、评估实体实例。

√ 域中往往包含一组验证标准，使得域可以被多个属性应用。

√ 域的不同类型包括：格式域、列表域、范围域。

第 6 章 关系

规则无处不在，
关系讲述着故事，
并把一个个情节联系起来。

本章介绍了规则和关系的定义，以及关系存在的 3 个层次，概念、逻辑、物理。数据规则有别于行为规则。基数及标签也将在本章阐述。学习完本章你可以像读书那样读懂任何数据模型。递归关系（recursive relationships）和子类型（subtyping）等关系类型也将被讨论。

6.1 关系的解释

通常我们对规则的理解是在特定情形下如何行为的规定和指示。以下列举了你应该非常熟悉的关于规则的例子。

- 在你外出玩耍之前，房间必须被整理干净。
- 如果击球手 3 次挥棒不中，则三振出局，轮到下一位击球手回合。
- 限速每小时 55 英里（1 英里≈1.61 千米）。

数据模型中的规则即为关系，关系被表示成一条连接两个实体的线段，用来说明实体间的规则或导航路径。如果两个实体分别为“Employee”（员工）和“Department”（部门），则关系可以描述的规则有“每位员工必须服务于一个部门”“一个部门可以拥有一位或多位员工”。

6.2 关系的类型

规则可以是数据规则，也可以是行为规则。数据规则指示数据间如何关联，行为规则指示当属性包含有某特定值时，需要采取什么操作，下面首先介绍数据规则。

存在两种类型的数据规则，结构完整型（structural integrity，SI）和参照完整型（referential integrity，RI）。结构规则（又被称为基数规则）定义了参与某个关系的实体实例的数量，例如：

- 每种产品可以出现在一个或多个订单行上。
- 每个订单行上有且仅有一则产品。
- 每位学生必须有唯一的学号。

RI 规则专注于确保取值的有效性。

- 订单行不能脱离有效的产品而存在。
- 索赔不能脱离对应的政策而存在。
- 学生不能脱离有效的学号而存在。

我们定义一个结构规则，则与之相应的 RI 规则也随之产生。例如，定义“每条订单行有且仅有一则产品”，而“订单行不能脱离有效的产品而存在”这一规则便自动成立。

另一方面，行为规则指示了当属性包含有某特定值时，需要采取什么操作。

- 新生一学期最多只能注册申请 18 学分。
- 若一项政策存在 3 个以上的反对声明，才被认为是高风险的。
- 如果一个订单包含 5 件以上商品，就可以享受 10%的优惠。

用数据模型可以进行数据描述并指定相应的数据规则，但不能在数据模型上强加行为规则。例如，一个学生数据模型可以描述学生所处的年级

(新生、毕业班),也可以记录每位学生每学期的学分数,但是不能规定新生一学期最多只能注册申请 18 学分。

再回到我们的冰淇淋示例,最终我购买了两匙冰淇淋,一匙巧克力味,一匙香蕉味。在这一订购过程中有很多关系可以被描述,例如:

- 冰淇淋容器可以是甜筒,也可以是杯子。
- 每个冰淇淋容器中可以放置多匙冰淇淋。
- 每匙冰淇淋必须被置于冰淇淋容器中(否则我们只能用手黏糊糊地去抓那匙香蕉冰淇淋了)。
- 每种口味的冰淇淋都可能被选购,置于一个或多个容器中。
- 一个容器可以盛放多匙不同口味的冰淇淋。

应用于实体及属性的 3 种粒度(概念、逻辑、物理),也同样可以被应用于实体间的关系,概念关系是一种高级别的规则或被关联的一些关键概念间的导航路径。逻辑关系则强调更多细节的业务规则,或者是逻辑实体间的导航路径。物理关系是具体的,依赖于实现技术的规则或作为被关联的物理结构间的导航路径,这些物理关系将最终变为 RDBMS 中的数据库约束,或变为 MongoDB 这种基于文档的数据库中的参照。

6.3 基数的解释

对于两个实体间的关系,基数表示一个实体的多少实例与另一个实体的实例发生关联,基数由出现在关系域两端的符号表示,基数指定了一种可以被实施的数据规则。如果不存在基数,我们只能说关系是用于连接两个实体的规则。例如,员工和部门之间存在某些关系,但除此之外,我们不会掌握更多的信息。需要注意的是两实体被关联的方式可能不只一种,如每个部门可以包含一个或多个员工,还有可能存在另一种关系来限定作为部门经理的员工。

对于基数,我们可以选择 0、1 或者多。多表示大于 0 的任何数,我们可以指定 0 或 1 来说明关系中的实体实例是否被需要，指定的 1 或多则用来说明有多少实例参与某给定的关系。

由于我们使用的图示方法中只有 3 个基数符号，所以我们不能指定某个准确的数字（除非通过文档），如“一辆汽车有 4 个轮胎”，我们只能说“一辆汽车拥有多个轮胎”。

下面在关于冰淇淋口味和冰淇淋匙（量）的例子中，说明了每种可用的基数符号。冰淇淋匙用来选择冰淇淋口味，即一个冰淇淋匙必须选择一种可用的冰淇淋口味，口味和匙之间的形式化规则如下。

- 每种冰淇淋口味可以由一个或若干个冰淇淋匙选择。
- 每个冰淇淋匙必须对应一种冰淇淋口味。

图 6.1 所示为业务规则说明。

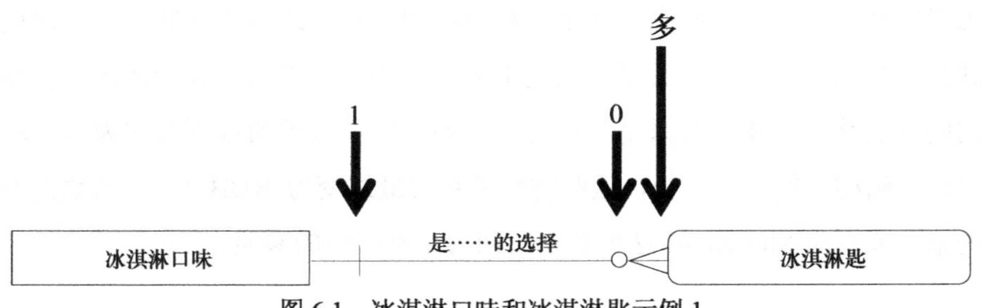

图 6.1 冰淇淋口味和冰淇淋匙示例 1

注意：如果使用统一建模语言中的类图，你可以使用确定的数字作为基数。

图 6.1 中用短线表示“1”，圆圈表示“0”，三角及贯穿其中的线表示“多”，有人称“多”的符号为“鸟爪”。通常，还在关系线放置一个标签，用来明确关系并说明关系所要描述的规则。本例中标签“是……的选择”被置于线上，来帮助理解关系和规则。

基数取 0 意味着当阅读关系时，我们可以使用“也许”“可能”等非强制性词汇，如果使用非 0 基数，我们则需使用“必须”“不得不”等强制性词汇。

上例中的关系可以被简洁地描述如下。

- 每种冰淇淋口味可能是 0、1 或多个冰淇淋匙的选择。

我们去掉 0，因为“多”也可以用来表示“0”。

- 每种冰淇淋口味可能是 1 个或多个冰淇淋匙的选择。

一个关系中存在父实体和子实体，父实体出现在标记为“1”的关系一侧，而子实体则出现在标记为“多”的关系一侧。在读一个关系时，我总是从标记为“1”的一侧开始。每种冰淇淋口味可能是“1”个或多个冰淇淋匙的选择。而下面这种读法则从标记为“多”的一侧开始，即每个冰淇淋匙必须包含一个冰淇淋口味。实际上，无所谓从哪头开始，只要保证其一致性。

在读关系时，对于开始的父实例一侧，我通常还会使用“每个”，因为词语“每个”更便于指定一个实体实例与另一实体的多少个实例相关联，对我而言“每个”是比“一个”更喜欢使用的词语。

下面对基数做少量改变，来看看对业务规则的影响。假设受到严峻经济形势的影响，这家冰淇淋店决定允许在一匙中选择多种口味。图 6.2 所示为改变基数之后的更新。

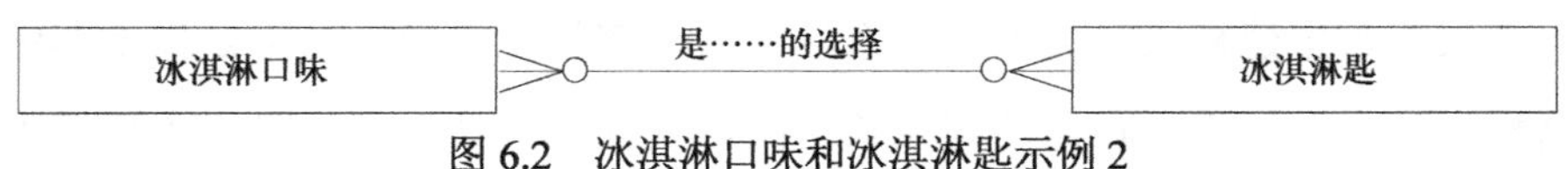

图 6.2 冰淇淋口味和冰淇淋匙示例 2

这是一种被称之为多对多的关系，和之前那个 1 对多的关系不同，对应的业务规则如下。

- 每种冰淇淋口味可以是多个冰淇淋匙的选择。
- 每个冰淇淋匙可以包含多种口味。

为了确保关系线上的标签具有描述尽可能多信息的能力，下面是一些比较好的标签的示例。

- 包含
- 为……工作
- 拥有
- 分类
- 应用于

如果为读者提供额外的信息，应该避免使用下面罗列的标签名（可以配合一些说明性文字使用它们，让标签名有更明确的意义，只是尽量避免单独使用它们）。

- 有
- 关联
- 参与
- 联系
- 是

例如，将一个关系描述的句子：

一个人可以与一家公司关联。

替换为：

一个人可以被一家公司雇佣。

很多数据建模人员习惯在关系域的两端都加上标签，而不是像本书中这种只有一个标签。在简洁与冗长之间，我选择前者，因为另一个标签可以根据模型中存在的标签推测出来。例如，假设在图6.1中添加标签“包含”，沿“冰淇淋匙”到“冰淇淋口味”的方向，读该关系为：每个冰淇淋匙必须包含一种冰淇淋口味。

6.4 递归的解释

递归关系是存在于来自同一实体的实例间的规则。一对多的递归关系描述了一种层次结构，而多对多则描述了网状结构。在层次结构中，一个实体实例最多只能有一个父关系，而网状结构中，一个实体实例可以有不止一个父关系。下面使用“Employee”（员工）来说明以上两种类型的递归关系。图 6.3 所示为一对多递归关系，图 6.4 所示为多对多递归关系。

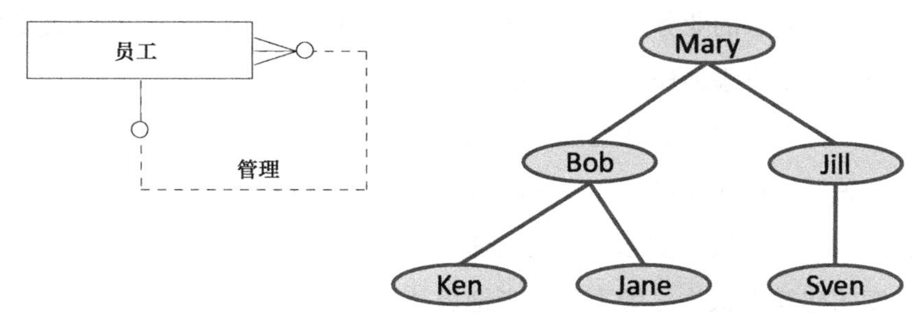

图 6.3 员工最多为一位经理工作

- 每位员工可以管理一位或多位员工。
- 每位员工可能被另一位员工管理。

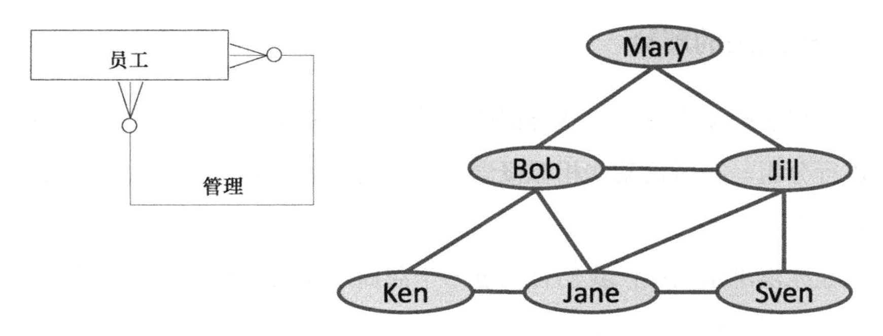

图 6.4 员工可能为多位经理工作

- 每个员工可能管理一个或多个员工。
- 每个员工可能被一个或多个其他员工管理。

使用 Bob、Jill 等具体的值，并绘制相应的层次或网状结构，将有助于我们理解递归关系和基数。图 6.3 所示为一对多的层次结构，可以看出每个员工最多只能有一位管理者。而图 6.4 所示为多对多的网状结构，每个员工可能有多位管理者。例如，Jane 同时为 Bob、Jill、Ken、Sven 工作。

有意思的是在上述两个例子中，关系的两侧都是可选的，可以看出有的员工没有上司(如 Mary)，还可以看出有的员工没有管理的对象(如 Jane)。

数据模型构建者对于递归关系真是又爱又恨。一方面递归关系可以很容易地描述复杂的业务规则，并构建灵活的模型结构，如图 6.3 所描述的实例，我们可以再添加任意数目的层次组织。

另一方面，也有人认为递归关系对于复杂建模的描述过于简单，即由于递归关系的存在使得很多业务规则变得不足够清晰。例如，图 6.4 中是否存在区域管理层次？实际上，它被递归关系所隐藏。那些对递归关系持肯定态度的建模者认为尽管不能清晰地表达所有规则，但至少可以在未完成建模之前确保少犯错误，递归增加了灵活性使得前期未考虑周全的任何规则都可以由模型处理。我们应该谨慎地、一个案例一个案例地考虑递归，权衡规则模糊与灵活性之间的矛盾。

6.5 子类型的解释

使用子类型可以将一些类似的属性或将一些相似且有关联的实体的关系进行分组。在讨论某些相似概念，或者实例展示时，子类型不失为一种很好的工具。

在冰淇淋示例中，我们曾说过一个甜筒或冰淇淋杯都可以盛放多匙冰淇淋，如图 6.5 所示。

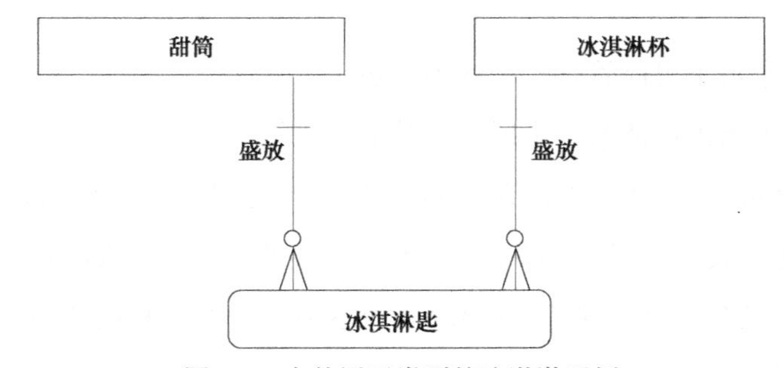

图 6.5 未使用子类型的冰淇淋示例

- 每个冰淇淋甜筒可以盛放一匙或多匙冰淇淋。
- 每匙冰淇淋必须被装进一个冰淇淋甜筒。
- 每个冰淇淋杯可以盛放一匙或多匙冰淇淋。
- 每匙冰淇淋必须被装进一个冰淇淋杯。

上例并不是简单地把冰淇淋匙重复两遍，而是由此来引入子类型的概念，图 6.6 所示为引入子类型之后的数据模型示例。

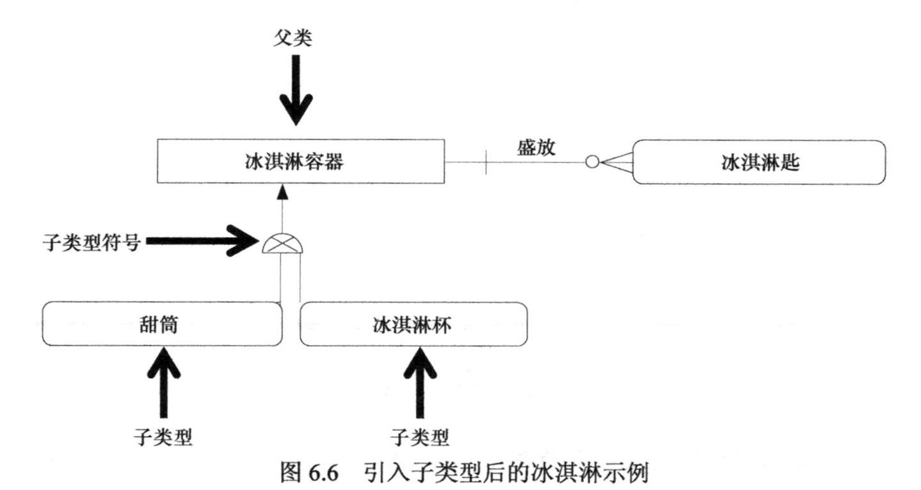

图 6.6　引入子类型后的冰淇淋示例

- 每个冰淇淋容器可以盛放一匙或多匙冰淇淋。
- 每个冰淇淋匙必须被盛放在一个冰淇淋容器里。
- 每个冰淇淋容器可以是冰淇淋甜筒或冰淇淋杯。
- 每个冰淇淋甜筒是一个冰淇淋容器。
- 每个冰淇淋杯是一个冰淇淋容器。

子类型关系意味着超类的所有特征都可以被子类继承，而且还可以看出子类“冰淇淋甜筒”与“冰淇淋匙”间的关系，同样适用于子类“冰淇淋杯”与“冰淇淋匙”间的关系。子类型不仅降低了数据模型的冗余性，而且对那些看起来截然不同、相互独立的概念更容易发现它们的相似性。

6.6 练习6：读模型

尝试阅读下列模型的关系，当你完成后可以参阅本书后面部分的答案。

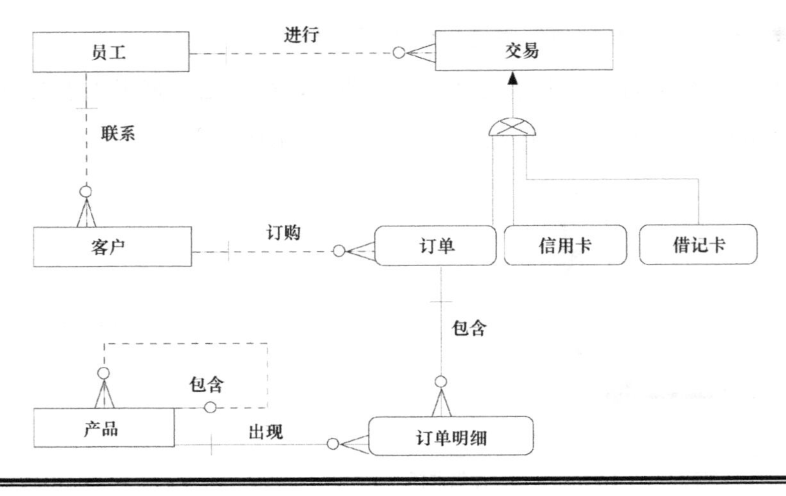

关 键 点

√ 数据模型中的规则即为关系，关系被表示成一条连接两个实体的线段，用来说明实体间的规则或导航路径。

√ 数据规则指示数据间如何关联，行为规则指示当属性包含有某特定值时，需要采取什么操作。

√ 基数是由关系两端的符号所表示的，它定义了每个实体可以参与一个关系的次数。有3种简单的选项：0、1和多。

√ 标签是出现在关系线上的动词。标签应该在可能的情况下尽量详细，来确保数据模型的准确度。

√ 递归关系是存在于来自同一实体的实例间的规则。

√ 子类型可以将一些类似的属性或将一些相似且有关联的实体的关系进行分组。

第 7 章 键

不只一位 John Doe，

但哪位才是真正的客户？

键帮你找到答案。

如果存在大量的数据，如何筛选出你要查找的所有数据？这就是引入键的目的。键由一个或多个属性构成，其目的在于实施规则，有效数据检索，而且允许从一个实体导航至另一个实体。本章介绍了键的定义，并且对候选键、主键、备用键等术语加以区分，而且还将介绍代理键和外键的概念，并对它们的重要性予以解析。

7.1 理解候选键、主键及备用键

候选键是一个或多个可以唯一标识实体实例的属性。每本图书都会被分配一个国际标准书号（International Standard Book Number，ISBN），ISBN 可以唯一标识一本图书，故而它可以作为图书的候选键。如果将 9780977140060 作为 ISBN 提交给很多搜索引擎或数据库系统，一个图书实体的实例“Data Modeling Made Simple”将会被检索到（试一下吧）。税务 ID 可以在美国等一些国家作为一个组织的候选键。账户编号可以作为账户的候选键车辆识别码。（Vehicle Identification Number，VIN）则可以用来标识车辆。

有时用一个单一的属性就可以标识一个实体实例，如ISBN标识图书。有时则需要若干个属性一起来标识一个实体实例，例如，促销类型码（Promotion Type Code）和促销起始日期（Promotion Start Date）是标识一次促销推广活动所必需的。当存在多个属性构成一个键时，我们习惯于使用术语“复合键”，这样促销类型码和促销起始日期一起构成一次促销活动的候选键。

候选键具备以下4个基本特征。

- **唯一性**：候选键必须不能标识多于一个实体实例（或现实世界中的事物）。
- **强制性**：候选键不能为空，每个实体实例要求必须能被一个特定的候选键值标识，候选键取不同值的数目，始终与不同的实体实例数目一致。如果实体图书选择ISBN作为其候选键，那么当存在500个图书实例时，必然存在500个不同的ISBN与其对应。
- **非异变性**：实体实例的候选键值应该不会被更改。
- **最小化**：候选键中仅仅包含那些用于唯一标识实体实例的属性，假设列出由4个属性组合成的一个候选键，但其中仅仅只有3个是标识实体实例所必需的，那么只能用这3个属性构成候选键。

例如，每位学生要参加一门或多门课程的学习，每门课程应该有一位或多位学生学习，表7.1给出了相应实体的部分实例。

表7.1 与学生有关的部分实例

学生表

学 号	名 字	姓 氏	生 日
SM385932	Steve	Martin	1/25/1958
HW742615	Henry	Winkler	2/14/1984
MM481526	Mickey	Mouse	5/10/1982

续表

学　号	名　字	姓　氏	生　日
DD857111	Donald	Duck	5/10/1982
MM573483	Minnie	Mouse	4/1/1986
LR731511	Lone	Ranger	10/21/1949
EM876253	Eddie	Murphy	7/1/1992

出勤表

出 勤 日 期
5/10/2015
6/10/2015
7/10/2015

课程表

课程名	课程简称	课 程 描 述
数据建模基础	数据建模 101	一门涵盖数据建模基本概念和原则的基础课程
高级数据建模	数据建模 301	一门着重介绍诸如规范化、不齐整层次等技术的数据建模短期课程
网球基础	网球 1	一门面向网球初学者、教授网球基本技能的课程
杂耍球		一门教授如何抛接 3 个球的课程

根据我们为候选键给出的定义，以及候选键的 4 个基本特征：唯一性、非易变性、强制性和最小化，示例中的实体哪些可以被选择为候选键？

对于学生，学号可以作为一个有效的候选键，可以看到 8 位学生对应 8 个完全不同的学号，不像学生名字和学生姓氏可能出现重复，如“Eddie Murphy”，而学号是唯一的，显然出生日期也可能出现重复，如“Mickey Mouse”和“Donald Duck”生日均为 5/10/1982。学生名字、学生姓氏、出生日期在通常情况下可以作为组合候选键。

对于出勤表，这里并没有合适的候选键，尽管示例中出勤日期并未重复，但或许我们想知道在某个特定的日子，某位学生参加了哪门课程的学习，所以实体出勤的定义是不恰当的。

对于课程，每个属性看上去都是唯一的，似乎都可以成为候选键，但是“杂耍球”并没有课程名缩写，即课程名缩写可以为空，所以课程简称应该被淘汰。另外作为候选键还需要具备非易变性，但是根据我的教学经验，课程描述是有可能被改变的，故而课程描述也不适合充当候选键，只剩下课程全名作为候选键的最佳选择。即使一个实体可能拥有多个候选键，但我们只能选择其中的一个作为实体主键。主键是在众多候选键中首选出来唯一标识实体的选项。备用键同样也是候选键，具备唯一性、稳定性、强制性和最小化，即使有些备用键没有被选择充当主键，但它仍然可以被使用，以检索特定的实体实例。

课程实体只有一个候选键，这样课程全名便是主键。但是对于学生实体我们必须做出选择，因为有两个候选键，你会选择哪一个作为主键呢？

从多个候选键中选择某一个作为主键时，应该考虑简洁性和隐私保护。简洁性指如果存在多个候选键时，通常选择属性数最少或最短的充当主键。隐私性指候选键中如果含有一些敏感数据时，那么这个候选键不适合充当主键。避免使用含有敏感数据的键成为主键的原因在于：主键有可能作为外键被传递出去，这样敏感数据就有可能被完全暴露于整个数据库。

在我们的示例中考虑到简洁性和安全性，我会选择学号（Student Number），而非学生名字（Student First Name）、学生姓氏（Student Last Name）和学生生日（Student Birth Date）构成的复合键，因为它更简洁，而且不涉及太多隐私信息。图7.1所示是标有主键和备选键的数据模型。

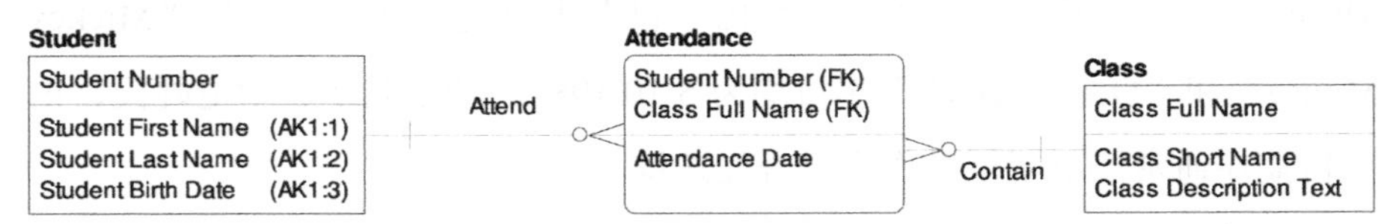

图7.1 定义主键和备选键而更新数据模型

模型中主键属性被标记在矩形框的上半部分。你或许已经注意到，键缩写 AK 后紧跟有两个数字，第 1 个数字表示备选键的组数，第 2 个数字标识该属性在备选键内的序号。这里学生实体的备选键有 3 个属性：学生名字、学生姓氏、学生生日。这也是要被创建的备选键索引中的序号。学生名字对应 1，学生姓氏对应 2，学生生日对应 3。

而出勤实体有了自己的有效主键，学号和课程全名。注意这两个主键属性后面都标记有“FK”，这是后面将要讨论的外键。

综上所述，候选键由一个或多个能唯一标识实体实例的属性构成，在所有的候选键中，能以最好的方式标识实体实例的充当主键，其余的候选键成为备选键，由多个属性组成的键称为组合键。

在物理模型中，候选键常常被转化成唯一索引（Unique Index）。

7.2 理解代理键

代理键是数据表的唯一标识符，它通常由一个固定大小的、无人工干预的、系统自动产生的计数器生成，代理键不具备任何业务含义（换言之，你不能将月份标识“1”当作“月份”实体实例中的一月）。对于具体的业务而言，代理键是不可见的，但应该允许它在幕后存在，以便更有效地实现跨结构数据导航和跨应用程序的集成。

代理键也是高效的。你已经知道，主键有时可能由一个或多个实体属性构成，使用单一的代理键去检索某条你想要查找的记录，比使用 3、4 个（或许 5、6 个）特定的属性来检索要高效得多。代理键对于系统集成也非常有益，便于创建一个单一的、一致的数据版本。

在使用代理键时，常常需要尝试确定一个自然键。自然键是在业务系统中唯一标识实体的方法，然后将自然键确定为备选键。假设代理键是比课程全名更高效的主键，故创建一个代理键课程号，而将自然键课程全名定为备选键，如图 7.2 所示。

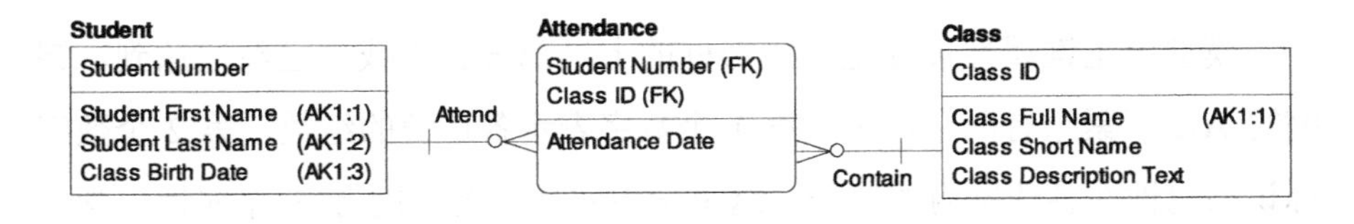

Class ID	课程名	课程简称	课 程 描 述
1	数据建模基础	数据建模101	一门涵盖数据建模基本概念和原则的基础课程
2	高级数据建模	数据建模301	一门着重介绍诸如规范化、不齐整层次等技术的数据建模短期课程
3	网球基础	网球1	一门面向网球初学者、教授网球基本技能的课程
4	杂耍球		一门教授如何抛接3个球的课程

图 7.2 定义代理键后更新数据模型

7.3 理解外键

在 1 对多关系中，被标记有“1”的一端的实体被称为父实体，而被标记有“多”的一端的实体被称为子实体。当我们从父实体向子实体创建一个关系时，父实体中的主键应该被拷贝至子实体作为外键。

外键是可以与其他实体产生关联的一个或多个属性（或者在递归关系中，连接同一实体的情况下，有可能存在来自同一实体的两个实例相互关联）。在物理层，使用外键可以从数据库管理系统中的一张表导航至另外一张。例如，假设我们需要了解开通账户的顾客信息，通常我们还希望将顾客ID包含进实体账户内，这样在账户实体内的顾客号就是顾客实体的主键。

利用这个外键返回实体顾客，使得数据库管理系统可以从一个或一些特定的账户检索到与之对应的顾客。另外，数据库还可以对一个或一批特定的顾客，检索出他们拥有的账户信息。很多建模工具在定义两实体的关系时，可以自动地创建外键。

在我们的学生/课程模型中，出勤实体中存在两个外键，外键学号指向学生实体的特定学生，外键课程号则指向课程实体的特定课程，如表 7.2 所示。

表 7.2 出勤的实体实例

学 号	课 程 编 号	出 勤 日 期
SM385932	1	5/10/2015
EM584926	1	5/10/2015
EM584926	2	6/10/2015
MM481526	2	6/10/2015
MM573483	2	6/10/2015
LR731511	3	7/10/2015

7.4 理解辅助键

有些情况下，需要实现快速的数据检索以满足某个业务请求或满足一定的响应时间。辅助键是经常被访问的，或者需要被快速检索到的一个或多个属性（如果多于一个属性，则称之为复合辅助键）。辅助键又被称为非唯一性索引或倒排入口（inversion entry，IE）。辅助键无需是唯一的、稳定的，而且也不要求必须拥有值。例如，我们可以在学生实体中为“学生姓氏”添加辅助键，于是可以对任何检索学生姓氏的请求给予快速响应，如图 7.3 所示。

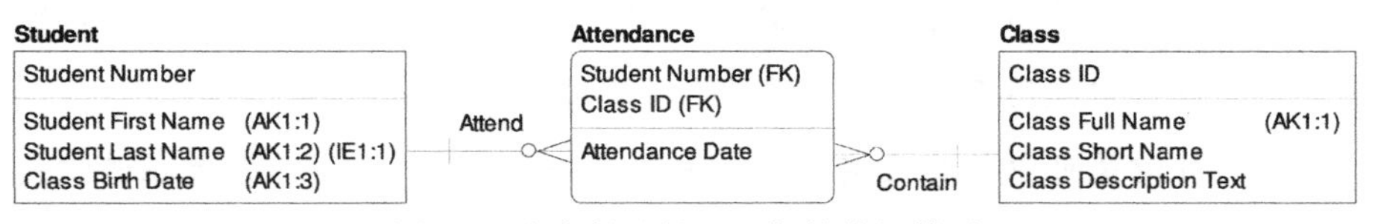

图 7.3 定义辅助键而更新的数据模型

学生姓氏不是唯一的，例子中就有两个人叫 Murphys。它也是不稳定的，可能随着时间而改变，而且有时我们或许不知道某位学生的姓，尽管这种情况很少出现，于是学生姓氏还可能为空。

7.5 练习7：确认顾客号

在近期的培训课上，我经常对比一些完整的和不完整的定义。下面是关于顾客号的不完整定义。

顾客号是顾客唯一的标识。

有位学员问到："关于顾客号，你还能说点其他内容吗？"

请你替我回答这个问题："关于顾客号，你还能说些什么来增加其定义的含义？"

当你完成后，请参看书后面的参考答案。

关键点

- √ 键由一个或多个属性构成，其目的在于实施规则，有效数据检索，而且允许从一个实体导航至另一个实体。
- √ 候选键是一个或多个可以唯一标识实体实例的属性。
- √ 主键是在众多候选键中首选出来唯一标识实体的选项。备选键同样也是候选键，具备唯一性、稳定性、强制性和最小化，即使备选键没有被选择充当主键，但它仍然可以被使用，检索特定的实体实例。
- √ 由多个属性组成的键称为组合键。
- √ 代理键是用来替代自然键的一种不包含任何业务含义的主键。代理键经常被用来实现应用程序集成和提高数据库效率。
- √ 外键是可以与其他实体产生关联的一个或多个属性（或者在递归关系中，连接到同一实体的情况下，有可能存在来自同一实体的两个实例相互关联）。
- √ 辅助键是经常被访问的，或者需要被快速检索到的一个或多个属性（如果多于一个属性，则称之为复合辅助键）。

第 3 部分

概念、逻辑和物理数据模型

第 3 部分探讨了 3 个不同层次的模型：概念、逻辑和物理。概念模型（CDM）描述了预设范围内的业务需求，逻辑模型（LDM）表示详细的业务解决方案，物理模型（PDM）则表示详细的技术解决方案。第 8 章介绍 CDM，第 9 章介绍 LDM，第 10 章介绍 PDM。

除了以上 3 种不同的细节层次，还会介绍两种不同的建模模式——关系和维度。关系数据建模是通过准确的业务规则来描述业务如何运作的过程，而维度数据建模则通过准确的导航来描述业务如何被监控的过程。

关系数据模型和维度数据模型的最大区别在于关系线具有不同的含义。在关系数据模型中关系是业务规则的体现，而维度数据模型中的关系则体现为导航路径。例如，对于关系数据模型，我们可以描述业务规则为“一个顾客必须至少拥有一个账户”。而维度数据模型可以展示出用户想要了解的、所有导航路径下的销售总额，如按日、月、年、区域、账户和顾客，即维度数据模型可以展示所有不同粒度水平下的度量结果。

下表总结了 3 种不同的细节层次和两种不同建模模式，由此给出 5 种不同的模型类型。

		模式	
		关系	维度
模型类型	CDM	关键概念及相关的业务规则，如“每位顾客都可以订购一个或多个订单”	关注于一个或多个量度的关键概念，如“我想要浏览客户的销售总额”
	LDM	对于给定的应用或业务流程，需要明确所有的属性，根据严格的业务规则和技术无关性，将它们简明地组织到实体中，例如，“每个顾客 ID 最多只能检索到一位顾客的姓氏”	对于给定的报表应用，需要明确所有与关注量度相关且与技术无关的属性，例如，“我想了解某位顾客的销售总额，并知道顾客的姓名”
	PDM	针对特定的技术，如数据库或 Access 软件，对 LDM 进行修改。例如，为了提高检索速度，我们可以在顾客姓氏上定义唯一性索引，或为了提高检索速度我们可以将一个 MongoDB 集合嵌入到另一个 MongoDB 集合	

上述各个模型都会在本部分被逐一地详细讲解。第 8 章将详细介绍概念数据模型，讲解在构建此类模型过程中的种种变化。第 9 章着重介绍关系及维度逻辑模型。第 10 章讲解了使用不同技术来实现高效设计的方法，从而达到理解物理模型的目的，例如，反规范化、分区、渐变维度（SCDs）等。

第 8 章 概念模型

想要一个宏观规划？

没有通用的定义？

那就建立一个 CDM。

表 8.1 中突出显示的是本章的关键内容：概念数据模型（CDM）。

表 8.1　　本章的核心内容为概念数据模型

	关　系	维　度
概念模型（CDM）	“单页”数据规则	“单页”导航
逻辑模型（LDM）	基于业务规则的详细业务解决方案	基于导航的详细业务解决方案
物理模型（PDM）	详细的技术解决方案	

概念数据模型展示了在特定领域下的关键概念，以及概念间的相互作用。本章将介绍概念的定义，并随之说明了概念数据模型及概念定义的重要性。关系及维度 CDMs 都将被讨论，最后给出了创建概念模型的 5 步法概要。

8.1　理解概念

概念是对于你的用户而言，既基础又至关重要的关键观念。基础意味着当你与你的建模用户在进行模型讲解或讨论过程中，这一概念会被不断提及。至关重要则意味着如果没有这一概念，业务会被极大地改变，甚至不可能存在。

大部分概念都是容易识别的，包括那些跨行业的通用概念，如“顾客、员工和产品”，航空公司可能称顾客为乘客，医院可能称顾客为病人，总之顾客就是接受到商品或服务的人群。在逻辑设计及物理设计阶段，每个概念将会呈现出更多的细节，例如，概念“顾客”可能涵盖的逻辑实体，包括客户、客户协会、客户统计、客户类型等。

除此之外，还有很多其他的概念在识别过程中或许会遇到困难。对于你所建模的用户而言，有些概念可能被他们认可，但对于其他的部门、公司或行业未必如此。例如，概念“账户”很有可能被银行或制造业等行业接受，但是银行数据模型或许还要求活期存款账户和储蓄存款账户。作为建模工程师，如果你建模的行业领域为制造业，而用户或许会特别要求总分类账户和应收款账户。

对于那个名片的示例，地址应该是一个既基础又至关重要的概念。但是电子邮箱地址也可能是既基础又至关重要的，是否应该将电子邮箱概念包含进联系人管理数据模型？要回答这个问题，我们应该试图从用户那里得到答案。

8.2 概念数据模型的解释

那些在建模讨论过程中涉及的概念，将会在概念数据模型中得以表述。概念模型是一种“单页”模型，该模型为特定用户在限定的业务范围内，按业务需求设计的。将概念模型限制于单页模型的原因在于：让建模工程师和其他参与者仅仅选出一些关键的概念。我们可以将 20 个概念安排到一页中，但显然 500 个不行。这里有一个很好的原则，作为建模工程师应该经常试问自己，模型用户是否会将某一概念作为业务领域中 20 大概念之一。

这样做可以有效排除那些低层次的细节概念。而低层次的细节概念将呈现在更多关注细节的逻辑模型中。如果在限制概念数目的过程中遇见困难，是否可以对一些概念进行分组？例如，可以将订单行归并到订单中，这种高层次的概念才能包含到概念模型中。

概念数据模型中包含概念及其定义，还包含概念间相互作用的关系。与逻辑模型、物理模型不同，在概念模型中允许包含多对多关系，图 8.1 所示为概念模型示例。

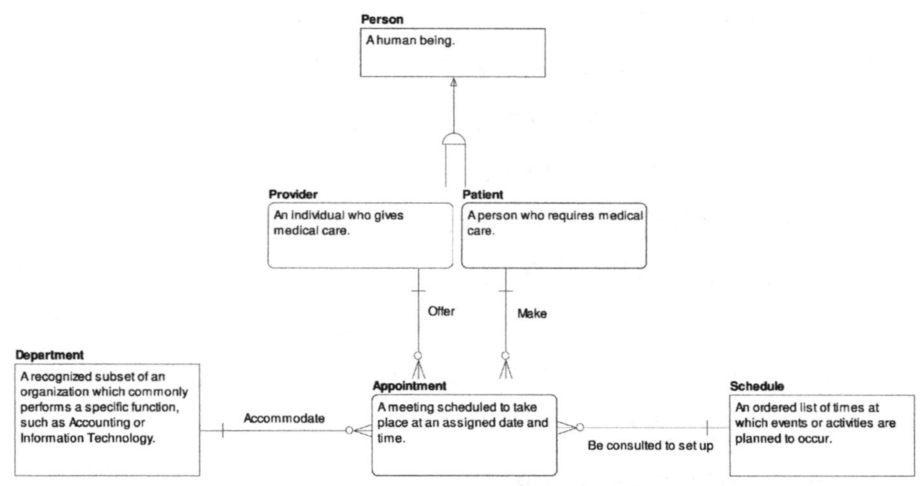

图 8.1　医疗预约概念模型

业务规则（有序地列举这些规则，有助于模型的理解）如下。

- 每一位“人”（Person）可能是一位供应者（Provider）或一位病人（Patient），或既是供应者，又是病人，需要注意的是当子类符号的中间没有“X”（如图 8.1 所示）时，表示某个父类的成员可以充当一个或多个子类角色，即常被称为包容（重叠）子类型。示例中某位人可能既是供应者，又是病人。
- 每位供应者都是人。
- 每位病人都是人。

- 每位供应者可以提供一个或多个预约（Appointment）。
- 每位病人都可以申请一个或多个预约。
- 每个预定计划（Schedule）都可以经商议由一个或多个预约构成。
- 每个科室（Department）可以容纳一个或多个预约。
- 每个预约必须涉及一位供应者、一位病人、一个科室和一个预定计划。

注意到图8.1中的模型包含的概念，例如，供应者、病人等是所有医疗行业中涉及的概念，另外模型中还有像预定计划和预约这种稍微细节化一点的概念，但它们对于依据该模型开发的应用系统的使用者而言，仍然是基础且重要的概念。当然对于这些稍稍细节化一点的概念，有的部门便不将其视为概念，如这家医疗机构中的会计部或市场部。

在概念模型建模阶段，清晰完备地记录每个概念的含义是至关重要的。很多时候，我们会等到开发阶段才获得定义。事实上，这样太晚了，长时间等候，换来的结果往往就是没有定义或匆忙地给出一些无用或作用不大的定义，如果模型中各个概念缺失定义或定义不清，正如之前所讨论的，概念的多重解释就变得极有可能。

在概念层对概念的定义达成一致，那么对于更多细节的逻辑和物理分析将变得更为顺利，并能有效节约时间。例如，定义可以解决“顾客包括潜在的顾客，还是只包括现有的顾客”这样的问题，如图 8.2 的漫画所示。

我们应该在概念的定义上做得更好。实际上，最近在一次为超过 100 位业务分析员做讲座时，我提出一个简单的问题：“在你们工作的机构内有多少机构对顾客有一致、单一的定义”，我希望100位培训者里，至少有几位能举手示意我，但是教室里没有一个人举手。

图 8.2 关键概念应该尽早定义

以下 3 个理由说明定义的重要性。

- **辅助业务和 IT 决策**。如果企业用户对某些概念做出不同的解释，而并非概念的实际意义，这时很容易做出不明智的决定，从而连累整个应用程序。假设企业用户想了解每月的产品订购量，用户可能以为产品中包含原材料，但事实并不包含。或者他们认为产品中不包含原材料，但事实上包含。此时，他们极有可能做出不准确的判断。
- **帮助记录和解决在同一概念上的不同观点**。CDM 是一种很好的平台来解决对于高层次概念的不同认识的问题。在会计和销售部门工作的员工都认为顾客是一个重要的概念，但他们就如何定义能否达成共识？如果可以，距离创造一个全局的业务视图又靠近了一步。
- **提高数据模型精确度**。要求数据模型是精确的，则要求概念的定义也是精确的。例如，订单行不能脱离产品存在，如果对于产品缺乏定义或定义不清，我们便降低了对概念及其关系认识的信任。原材料或中间产品是产品吗？还是只有最终要出售的东西才算产品？我们能订购一项服务吗？或者产品必须是有形可交付的？所以，给出的定义最终应该支持产品这一概念及与订单行的关系。

当完成带有定义的概念模型的设计时，该模型将成为强有力的工具为项目开展带来诸多的好处。

- **提供广泛的理解**。仅一张纸就可以帮助我们理解非常复杂的事务，包括业务流程、应用需求，甚至在整个行业中，使具有不同背景和角色的人就某些概念，相互交流、理解，就存在的问题进行讨论并达成一致。
- **范围定义及指导**。通过概念和业务规则的可视化，便于我们分析和认知模型的子集。例如，我们可以构建一个完整的概念模型，然后划分出我们计划开发的特定应用。概念具备的全局视角有助于我们决定如何部署以及如何与现存的应用共存，而且概念模型还可以为未来的业务功能提供指导。
- **提供积极的分析**。通过为项目开发建立易于理解的概念模型，将极大地增加我们认知概念的不同定义、在项目范围内的不同解释等各类问题的机会，节约大量的时间和经费。
- **建立 IT 和业务间的融洽关系**。对于大部分组织而言，在业务部门和 IT 部门之间通常都存在不同程度的交流障碍，而概念模型的建立是一个消除或降低这种交流障碍的有效方法。我曾经为一位重要的商务用户设计了一个联系人数据集市数据模型（Contact Data Mart），该模型不仅有助于对业务的理解，同时还帮助我建立了与该用户的友好关系。

8.3 关系及维度概念数据模型

回顾本章的引言部分，关系数据建模是通过准确的业务规则来描述业务如何运作的过程，而维度数据建模则是通过准确的导航来描述业务如何被监控的过程。接下来详细介绍这两种概念数据模型。

8.3.1 关系 CDM 示例

关系概念模型包含概念及其定义，还有与概念绑定的业务规则，即模型中的关系。与逻辑模型和物理模型不同的是概念模型中可以存在多对多关系，图 8.3 所示为部分金融关系 CDM。

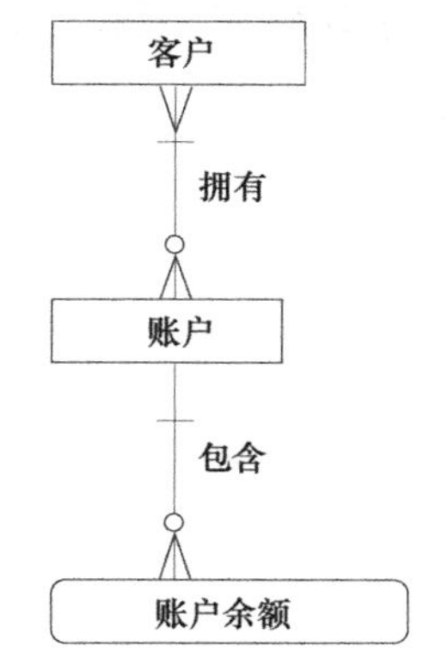

图 8.3 金融关系 CDM 的子集

在与项目发起人的会晤之后，列出以下概念。

客户（Customer）：是获取我们的产品而进行二次转卖的人或组织。人或组织只有从我们这里获取至少一件产品才能称之为客户。那些计划采购，但仍未实施的人或组织不是客户。而且，一旦成为客户，便一直是客户，即使某客户有超过 50 年未采购任何产品，他仍然是我们的客户。客户不同于消费者，消费者购买产品的目的在于消费，而非转卖。

账户（Account）：是由银行持有客户资金后与客户形成的契约协定。

账户余额（Account Balance）：是一种财产记录，其中记录了在指定的时间段之后客户的账户余额，例如，月末客户的活期存款余额。

业务规则（有序地列举这些规则，有助于模型的理解）如下。

- 每位客户可以拥有一个或多个账户。
- 每个账户都必须被一个或多个客户持有。
- 每个账户可以设定一个或多个账户余额。
- 每个账户余额必须与一个账户相关联。

需要注意的是以上所给出的定义并没有直接显示在模型图中（如图 8.1

所示）。我认为如果数据模型规模不大，或者定义并不长，那么将定义标注在模型上是非常有意义的做法。而且当存在定义不明、定义缺乏或者定义对数据库存在极大影响时，我也会选择在模型上标注定义。

8.3.2 维度 CDM 示例

为了理解、记录我们的报表需求，我也创建了一个维度 CDM，如图 8.4 所示。

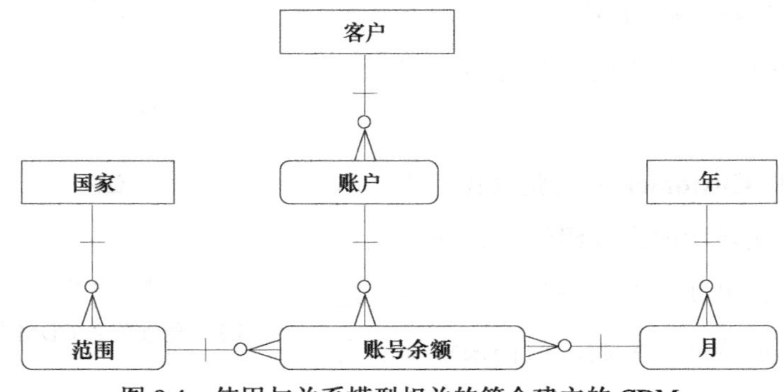

图 8.4 使用与关系模型相关的符合建立的 CDM

在这个示例中，我们看见围绕账户余额（如账户余额总额）存在多个维度，如范围、账户、月份等 3 个水平，而且还可以导航到更高的层次（如在国家水平上查看账户余额）。我们采取各种测度，如按上下层级关系测度账户余额。这里的层级关系指的是一个实体实例最多只能是另一个实体实例的子实例，如 2016 年 1 月仅属于 2016 年。

概念定义

账户余额（Account Balance）：是一种财产记录，其中记录了在指定的时间段之后客户的账户余额。例如，月末客户的活期存款余额。

国家（Country）：必须是一个被广泛承认的国家，拥有独立的政府，占有特定的领地，并位于 ISO 国家代码列表。

区域（**Region**）：为了实现按分支进行任务分配和报表汇报，由银行自主地将整个国家划分成的多个区块。

客户（**Customer**）：是获取我们的产品而二次转卖的人或组织，人或组织只有从我们这里获取至少一件产品才能称之为客户。那些计划采购，但仍未实施的人或组织不是客户。而且，一旦成为客户，便一直是客户，即使某客户有超过 50 年未采购任何产品，他仍然是我们的客户。客户不同于消费者，消费者购买产品的目的在于消费，而非转卖。

账户（**Account**）：是由银行持有客户资金后与客户形成的契约协定。

年（**Year**）：一个包含 365 天的时间段，与公历一致。

月（**Month**）：将一年分割成 12 个有名称的时间段中的一个。

图 8.4 所示模型使用了与关系数据模型同样的符号，这种符号被称为信息工程（information engineering，IE）符号，诸如 ER/Studio 这样的建模工具包含一套单独的符号集，我们也可以使用它们建立维度模型，如图 8.5 所示。

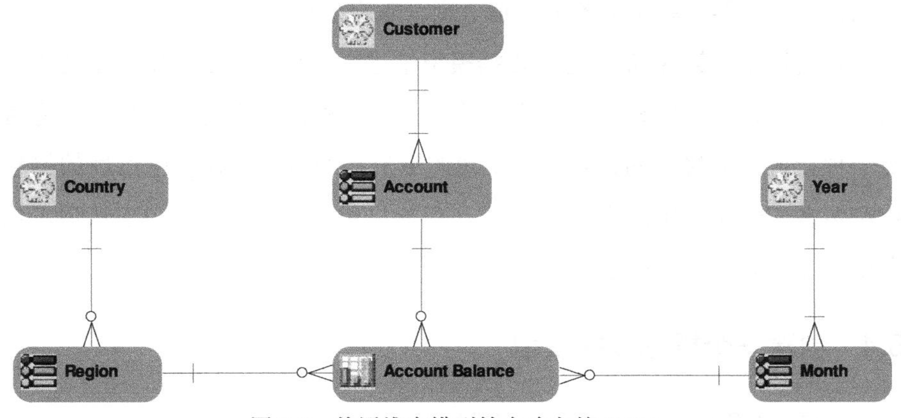

图 8.5 使用维度模型符合建立的 CDM

关系线与图 8.4 中的样式一样，但是实体则以组合框的形式出现，在模型中包含多种类型的实体，每种实体带有特定的图标。

账户余额为一个事实表（fact table）的示例，在概念模型和逻辑模型中常又称之为量度计（meter）。在ER/Studio中量度计的图标为一个统计图示，因为用它可以测量业务进程的健康程度。量度计中包含了一组相关的度量值，并非像关系模型中那样包含的是人、事、物或者场所，而是作为一个整体，来测度所关注的是业务过程，如利润率、员工满意度或销售。量度计对于维度模型非常重要，以至于经常用量度计来命名应用程序，如销售量度计，即销售数据集市。

区域、账户和月份都是维度示例，用3条水平线组成的图示加以标识。每个维度都是用来增加量度指标的主题，所有过滤、排序和求和等不同的应用需求都使用同样的维度。

国家、客户和年都是雪花维度的示例，并由一个雪花图示加以标识。在整个层级中，它们都属于较高级别。层级是指某个高级别维度可以包含多个低级别维度，而低级别维度只能属于最多一个高级别维度。高级别维度同样表明我们可以在量度计中的这些维度上查看量度信息，例如，我们可以在国家、客户和年等各个级别上查看账户余额总额。

我们还将在第9章的逻辑数据模型中进一步介绍关于维度模型的相关术语。在我建立维度模型时，我习惯于使用各种符号标记，因为我认为这是一种让人容易接受的方式，如果我的用户已经对关系模型中所用的符号相对熟悉，建模时我会使用IE符号，但如果用户对数据建模缺乏认识，我会使用维度数据建模符号。

8.4 创建一个概念数据模型

如图8.6所示，使用5个步骤进行概念数据建模。

第1步，在开始任何项目之前，有5个策略性问题必须被提出。这些问题是任何应用程序开发成功的先决条件。第2步，在你所要开发的应用程序范围内识别出所有的概念。第3步，确信每一个概念都被清晰地、完备地定义，之后确定这些概念间如何相互关联。在第3步时，很有可能需要重新返回步骤 2，因为整理概念间关系的过程中会有一些新的概念产生。第 4 步，决定一个最有效的形式以确保这一阶段的工作可以被很好地使用。一些人可能会审阅你的工作成果，而且在整个程序开发阶段使用它，所以确定一个最有效的形式是非常重要的。第 5 步，作为最后一步，审阅之前的工作成果，以获得向逻辑数据建模阶段推进的认可。

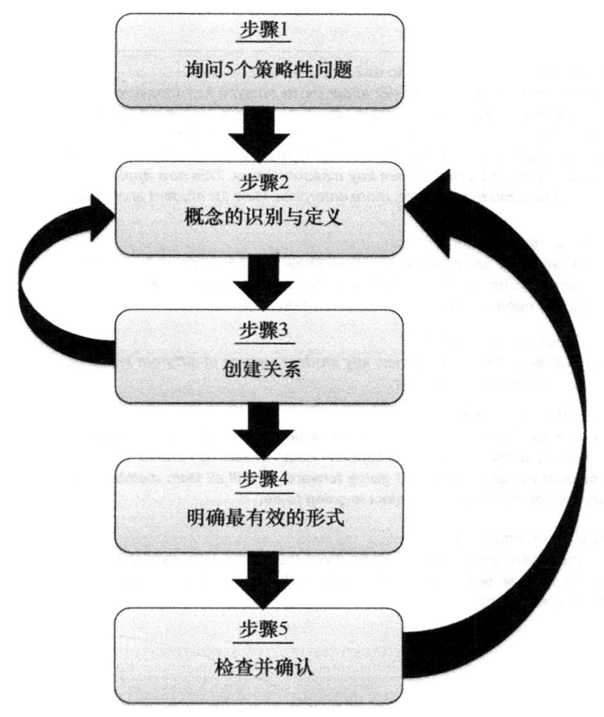

图 8.6 进行概念数据建模的 5 个步骤

8.4.1 步骤 1：询问 5 个策略性的问题

有 5 个问题需要被询问（参见图 8.7 示例）。

1. 应用程序将要做什么？准确、清晰地用几句话记录下这个问题的回答，同时需要确信是否要替换现有系统，是否要提交新功能模块，是否要将现有的若干个应用整合在一起等。通常应该在心中从头到尾思考一遍，即使已经明确了将要交付的是什么，但这个问题仍有助于明确应用系统的范围。

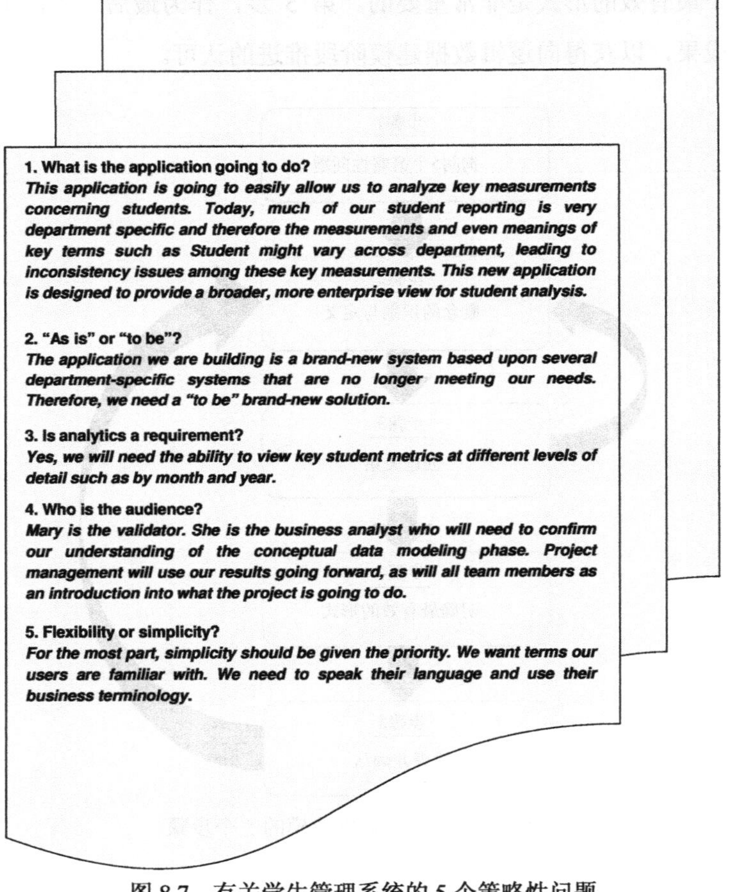

1. What is the application going to do?
This application is going to easily allow us to analyze key measurements concerning students. Today, much of our student reporting is very department specific and therefore the measurements and even meanings of key terms such as Student might vary across department, leading to inconsistency issues among these key measurements. This new application is designed to provide a broader, more enterprise view for student analysis.
2. "As is" or "to be"?
The application we are building is a brand-new system based upon several department-specific systems that are no longer meeting our needs. Therefore, we need a "to be" brand-new solution.
3. Is analytics a requirement?
Yes, we will need the ability to view key student metrics at different levels of detail such as by month and year.
4. Who is the audience?
Mary is the validator. She is the business analyst who will need to confirm our understanding of the conceptual data modeling phase. Project management will use our results going forward, as will all team members as an introduction into what the project is going to do.
5. Flexibility or simplicity?
For the most part, simplicity should be given the priority. We want terms our users are familiar with. We need to speak their language and use their business terminology.

图 8.7 有关学生管理系统的 5 个策略性问题

2．“正如”还是“将要”？你应该去了解，是否需要对当前业务环境进行考察，是否需要为当前业务建立模型，即“正如”视角。还是你应该去了解，是否需要对一个新的业务提案进行考察，是否需要为新的业务提案建立模型，即“将要”视角。

3．统计分析是必须的吗？非正式地讲，统计分析是一个和数字打交道的领域，即使用各种量度，如总销售额或库存数量，并且可以在不同的粒度下进行查阅，如一天或一年。如果统计分析是必须的，至少有部分解决方案需要被维度模型化。关系建模着眼于业务规则，而维度建模则关注于业务问题。

4．谁是用户？搞清楚谁或者哪个组织是最终的验证者，来确认你对 CDM 的理解，以及最终谁将作为 CDM 的使用者。这里有一个好的策略，即无论你做何种工作时，都应该尽早明确谁是你工作成果的检查者（验证者），谁是你工作成果的接受者或用户。这个问题将帮助你选择理想的形式来呈现概念数据模型。需要注意的是如果验证者和用户在技术经验上具有显著的差异，你或许应该选择不只一种 CDM 形式。

5．灵活性还是简洁性？在设计阶段，通常需要在灵活性和简洁性方面不断平衡、折中。如果你更倾向于灵活性，那么你应该更多地使用通用型概念，如用事件取代订单，用人取代员工。

8.4.2 步骤 2：概念的识别与定义

目前我们工作的方向是与业务专家一道来识别应用程序范围内的概念，并尝试为每一个概念给出一致认可的定义。

对于关系数据模型

对于关系数据模型，正如我们之前介绍的那样，为了识别和定义关系的概念，用符合 6 个类别（谁、什么、何时、何地、为何、如何）的名词或名词短语来识别概念。我们可以用这 6 种类别创建出概念模板，以掌握概念数据模型中的实体，如表 8.2 所示。

表8.2 概念模板

谁	什么	何时	何地	为何	如何
1.	1.	1.	1.	1.	1.
2.	2.	2.	2.	2.	2.
3.	3.	3.	3.	3.	3.
4.	4.	4.	4.	4.	4.
5.	5.	5.	5.	5.	5.

表8.3所示为账户系统的完整概念模板。

表8.3 账户项目概念

谁	什么	何时	何地	为何	如何
1. 客户	1. 账户	1. 开户日期	1. 分行	1. 支票付款	1. 支票
2.	2.	2.	2.	2. 存款	2. 存款凭条
3.	3.	3.	3.	3. 结息	3. 取款凭条
4.	4.	4.	4.	4. 月结费用	4. 财务报表
5.	5.	5.	5.	5. 提款	5. 账户余额

以下为部分概念的定义。

账户：是由银行持有客户资金后与客户形成的契约协定，协定中记录了银行所持有的顾客资金数额，以及对金额产生影响的所有历史交易情况的记录，例如，存款和取款。账户按特定的目的开户，例如，用于股票投资的经纪账户，用于生息的储蓄账户，用于开支票的支票账户。每个账户只是这其中的一种账户，即一个账户不能同时既是支票账户，又是储蓄账户。

账户余额：是一种财产记录，其中记录了在指定的时间段之后客户账户余额。例如，月末客户的活期存款余额。账户余额受到存款和取款等多种类型交易的影响。账户余额被限制对应于一个账号，也就是说，如果想知道 Bob 在某银行的客户净值，你必须对 Bob 所有账户中的账户余额求和。

开户日期：表示第 1 次开户的日、月、年。这个日期出现在新账户申请表上，通常与第 1 次激活或使用的日期不一致，一般在递交开户申请 24～48 小时之后，账户才能被激活或使用。而且开户日期可以是一周中的任意一天，包括银行停业的日期（因为顾客可以通过网站提交开户申请）。

银行账户声明：周期性地记录了所有对账户有影响的事件，包括存款和取款等，银行账户声明通常按月发布，包括起始账户余额、所有的事件记录、期末账户余额。而且只要申请，还会罗列出银行费用、生息情况等明细。

对于维度模型

对于维度模型，我们首先得明确有哪些特定的业务问题必须被回答。例如，假设我们与来自某所高校的业务分析师一道工作，来探讨以下 4 个问题。

1. 展示近 5 年来，每学期得到财政资助的学生数目（来自财政资助部门）。

2. 展示近 5 年来，每学期获得政府全额或部分奖学金的学生数目（来自财会部门）。

3. 展示近 3 年来，每学期有多少得到许可并毕业的学生数目（来自学生管理部门）。

4. 展示近 10 年来，有多少学生申请该大学。因为我想就来自高中的申请人数同其他大学做一比较（来自入学许可部门）。

8.4.3 步骤 3：创建关系

对于关系数据模型

关系数据模型需要描述所有的业务规则，所以我们在关系概念层的目标就是明确实体间的相互关联，清晰掌握所有的规则。对于模型中的每一条关系线，我们应该提出 8 个问题，其中两个关于参与性，两个关于可选性，4 个是有关子类型的，如表 8.4 所示。

表 8.4　　概念模型中与每个关系有关的 8 个问题

问　题	Yes	No
实体 A 可以与多个实体 B 的实例关联吗？		
实体 B 可以与多个实体 A 的实例关联吗？		
实体 A 是否可以在没有实体 B 的情况下存在？		
实体 B 是否可以在没有实体 A 的情况下存在？		
实体 A 的实例是否有助于交流沟通？		
实体 B 的实例是否有助于交流沟通？		
实体 A 对于某概念生命周期的解释是否重要？		
实体 B 对于某概念生命周期的解释是否重要？		

前两个问题是关于参与性的，这些问题的回答将决定连接到相邻实体的关系线上是否应该添加“1”或“多”的符号。例如，如果实体 A 可以与多于一个的实体 B 的实例关联，那么在实体 B 的一端的关系线上应该添加“多”的符号。

接下来的两个问题是关于可选性的，这些问题的答案决定了是否在关系线相连实体的一端添加“0”的符号。例如，问题“实体 A 是否可以在没有实体 B 的情况下存在？”若回答为“可以”，那在关系线实体 B 的一端应该添加一个“0”符号。

接下来的 4 个问题则决定了在概念数据模型的什么地方引入子类型。当实体的实例有助于沟通交流，或者对于解释概念的生命周期非常重要，则需要将子类型添加进模型中。

表 8.5 所示为账户应用示例。

表 8.5 关于账户应用的 8 个问题的部分答案

问 题	Yes	No
一位客户可以拥有不止一个账户吗？	√	
一个账户可以被多个客户持有吗？	√	
一位客户是否可以在没有账户的情况下存在？	√	
一个账户是否可以在没有客户的情况下存在？		√
客户实体的实例是否有助于交流沟通？		√
账户实体的实例是否有助于交流沟通？	√	
实体客户对“客户”这一概念的生命周期的解释是否重要？	√	
实体账户对“账户”这一概念的生命周期的解释是否重要？		√
一个分行可以拥有多个账户吗？	√	
一个账户可以属于多个分行吗？		√
一个分行是否可以在没有账户的情况下存在？	√	
一个账户是否可以在没有分行的情况下存在？		√
分行实体的实例是否有助于交流沟通？		√
分行对于“分行”这一概念的生命周期的解释是否重要？		√

表 8.5 中使用了底纹作为一种按关系进行问题分组的方法。未加底纹的行是关于客户和账户之间关系的，而添加底纹的行则是关于分行（支）和账户之间关系的。需要注意的是，当账户和客户关联时，已经回答了关于账户是否有利于沟通交流及生命周期的问题，所以当账户与分行（支）相关联时，这些问题无需再回答一遍。

对于维度模型

对于维度模型，我们需要对上一步汇总的问题进行处理并创建一个粒度矩阵（Grain Matrix）。粒度矩阵是一张二维表，列由根据业务问题而形成的量度构成，行由根据业务问题而形成的维度级别构成。创建 GM 的目的在于有效地进行应用范围分析。GM 的使用可以处理上百个业务问题，在

GM 中放置一个个问题之后，我们可以观察来自不同部门的问题，其实它们彼此都非常相似。通过合并这些问题，可以确定适用于多个部门需求的应用程序。表 8.6 所示为包含了学生管理应用系统完整的 GM。

表 8.6　　学生管理应用系统完整的 GM

	学 生 数 目
金融资助指标	1
学期	1,2,3
年	1,2,3,4
院系	1,2,3
奖学金指标	2
毕业指标	3
高中申请指标	4
大学申请指标	4

在此 GM 中，我们根据步骤 2 提出的 4 个问题中的每一个进行分析，每个问题的量度（学生数）变成列，而每个问题的细节水平变成行，GM 中的数字请参看之前的问题编号。

8.4.4　步骤 4：明确最有效的形式

有人需要查阅你所完成的工作，或者想使用你在建模过程中的发现，所以明确最有效的形式是非常重要的一环。实际上，我们已经知道了模型用户，根据步骤 1 里的第 4 个问题“**谁是用户**？搞清楚谁或者哪个组织是最终的验证者，来确认你对 CDM 的理解，以及最终谁将作为 CDM 的使用者”。

对于关系数据模型

如果验证者或者用户已经非常熟悉数据建模符号，那么很容易得出结论，即使用他们所熟悉的传统的数据模型符号，如图 8.8 所示。参考第 3 步中对各个问题的回答以及各答案对模型基数的影响，账户（Account）的子类型应该被引入，因为账户实体的实例有助于交流沟通。类似地，客户的子类型也应该被引入，因为有助于介绍客户（Customer）的生命周期。

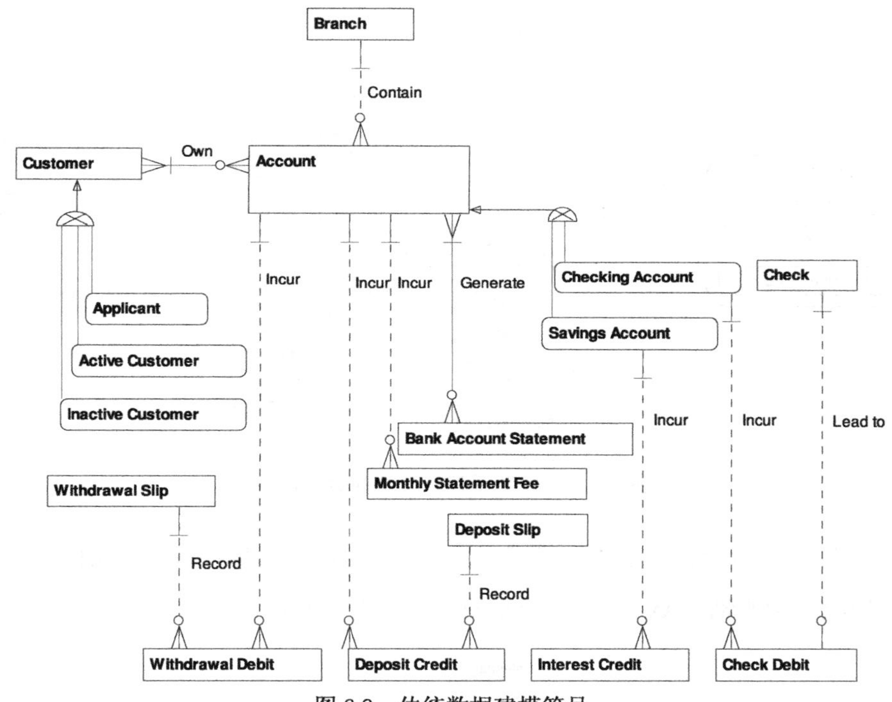

图 8.8 传统数据建模符号

但是，在很多种情况下，验证者（有时用户也会）并不熟悉传统的概念层数据建模符号，或者他们并不想了解数据模型。这时，你应该创造性地思考如何展示模型，提出一个用户更容易接受的可视化模型。例如，图 8.9 显示了一张关于业务的草图，以替代传统建模符号，这种形式在用户或验证者对数据建模了解甚少时，会得到很好的效果。

为了替代带有“分支（行）(Branch)”字样的矩形框，该模型用一个图片表示分支。为了替代子类的符号，子类型被显示在父类中。为了替代带有“银行账户声明（Bank Account Statement)”字样的矩形框，使用了一个能代表长文档的形状，同时使用其他符号表示短文档，如取款单（Withdrawal Slip）。按钮形状被用来表示各种交易，如利息信贷。

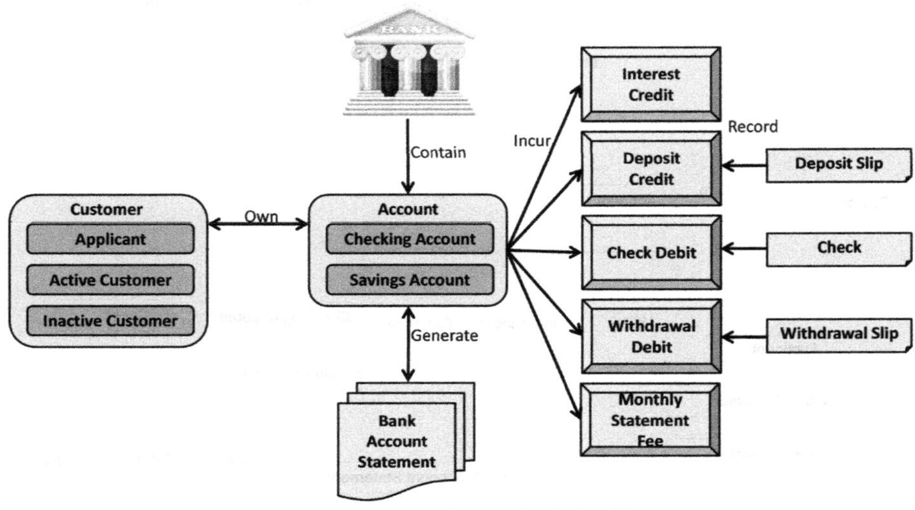

图 8.9 业务草图替代传统的数据模型

图 8.10 所示为使用传统建模符号所表示的维度数据模型。图 8.11 所示为用我偏爱的轴（Axis）技术表示的维度数据模型。

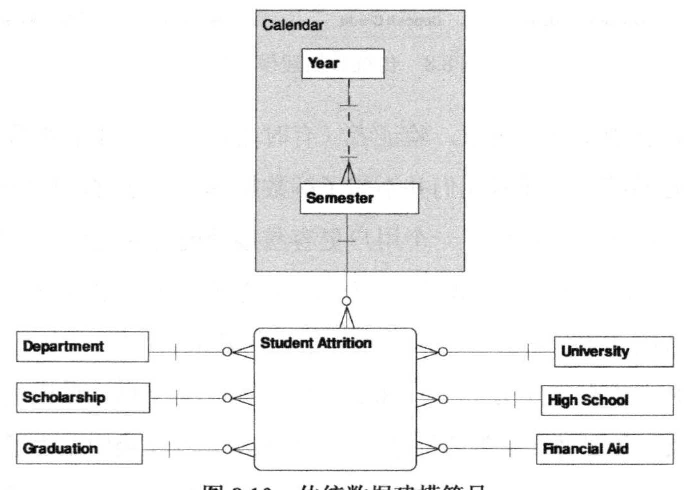

图 8.10 传统数据建模符号

轴技术是把要测度的业务过程置于中心（如学生属性），然后每个轴表示一个维度，轴上的每一个刻痕表示不同细节水平的、可能被检索的各个度量计中的测度。

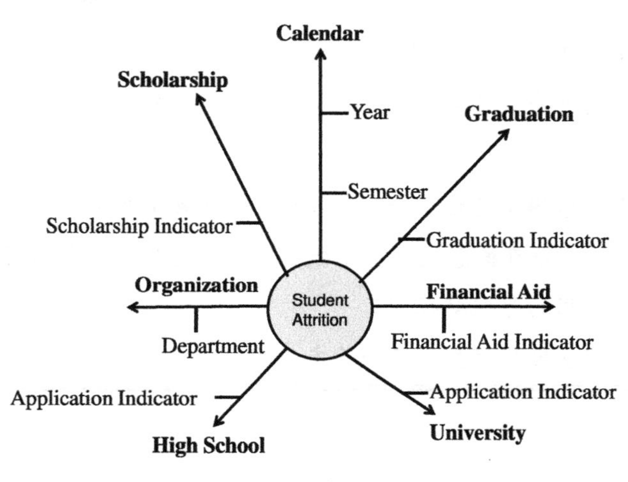

图 8.11　轴技术

8.4.5　步骤 5：检查并确认

验证者需要查阅我们的数据模型，有时在此过程中用户要求或许会有所改变，所以我们得返回步骤 2，并重新定义一些概念。最好能让验证者参与整个建立概念模型的过程，这样在很多情况下，第 5 步将成为一种形式化过程。

8.5　练习 8：建立一个 CDM

在你所处的机构内了解某一领域，用本章学到的五步法建立一个 CDM，或许他们正急切需要一个。

关 键 点

√ 概念是对于你的用户而言，既基础又至关重要的关键观念。

√ 概念数据模型由一组符合和文本构成，用来为特定的用户，针对特定的业务需求或应用程序范围，描述关键概念以及概念间的相互规则。

√ 关系概念模型包括概念、概念定义以及表示业务规则的概念间的相互关系。维度概念模型包括概念、概念定义以及在不同层级分析量度时所用的导航路径。

√ 建立概念数据模型的5个基本步骤。

第 9 章 逻辑数据模型

业务需求是什么？

忽略技术，

进入逻辑。

表 9.1 中突出显示的逻辑数据模型即为本章要点。

表 9.1　各类数据模型

关　系		维　度
概念数据模型（CDM）	“单页”数据规则	“单页”导航
逻辑数据模型（LDM）	基于业务规则的详细业务解决方案	基于业务规则的详细业务解决方案
物理数据模型（PDM）	详细的技术解决方案	

逻辑数据模型是在使用概念数据模型定义的业务需求的基础上，所形成的下一级别的业务解决方案。也就是说，经过概念数据模型的构建，已经在一个宽泛的层次上理解了要解决问题的范围以及用户需求。在此基础上，为了实现用户需求的解决，有必要使用逻辑数据模型生成一套解决方案。本章首先对逻辑数据模型进行解释说明，并对比了关系模式和维度模式。随后，逐一介绍关系模型、范式技术和抽象技术，再通过对一致性维度、非事实型事实等维度建模常见问题（FAQ）的解答，加深相关概念的

理解。

9.1 逻辑数据模型说明

逻辑数据模型（LDM）是为了解决特定业务需求而形成的业务解决方案。逻辑模型以业务需求为基础，忽略与软件环境、硬件环境等具体问题有关的模型实现的复杂性。

例如，关于概念数据模型我们已经学会了订单输入系统所涉及的概念、业务规则和义务范围。在理解了订单输入系统的需求之后，我们需要创建一个逻辑数据模型，其中要求包含需要交付给应用程序使用的所有属性和业务规则。例如，根据概念数据模型可知，一位客户（Customer）可以订购一个或多个订单（Order），而逻辑数据模型则需关注诸如客户姓名、地址、订单号及订购商品等有关客户、订单的细节信息。

即便如此，在创建一个逻辑数据模型时，可能会面临一些与特定硬件环境、软件实现有关的问题。

- 如果应用系统以大数据应用为背景，那么如何做到海量数据的快速处理、快速分析？
- 如何保证信息安全？
- 如何在两秒内对业务问题进行解答？

这些涉及硬件和软件的问题，虽然被记录下来，但在准备着手物理数据模型实现之前，这类问题不会被解决。要知道这些问题依赖于具体的技术，因为如果硬件、软件无限高效且绝对安全，这类问题便不会出现。

9.2 关系及维度逻辑数据模型

回顾本单元的引言部分，关系数据建模是通过准确的业务规则表达来描述业务运转的过程，而维度数据建模则是通过准确的导航表达来描述业务是如何被监控的过程。所以，本章的学习内容还包括关系逻辑数据模型和维度逻辑数据模型。

之前已经学习了关系概念模型和维度概念模型的示例（概念数据模型中的图 8.3 和图 8.4）。而图 9.1 和图 9.2 所示为这两个示例在逻辑层次上的表示。首先讨论关系逻辑模型。

9.2.1 关系逻辑模型示例

关系逻辑数据模型包括实体以及实体间的关系及属性。图 9.1 所示为部分银行管理系统关系逻辑模型。

业务规则（有序地列举这些规则，有助于模型的理解）如下。

- 每位客户（Customer）可以使用一个或多个账户（Account）。
- 每个账户（Account）都必须被一个或多个客户（Customer）持有。
- 每个账户（Account）可能设定一个或多个账户余额（Account Balance）。
- 每个账户余额（Account Balance）必须属于一个账户（Account）。

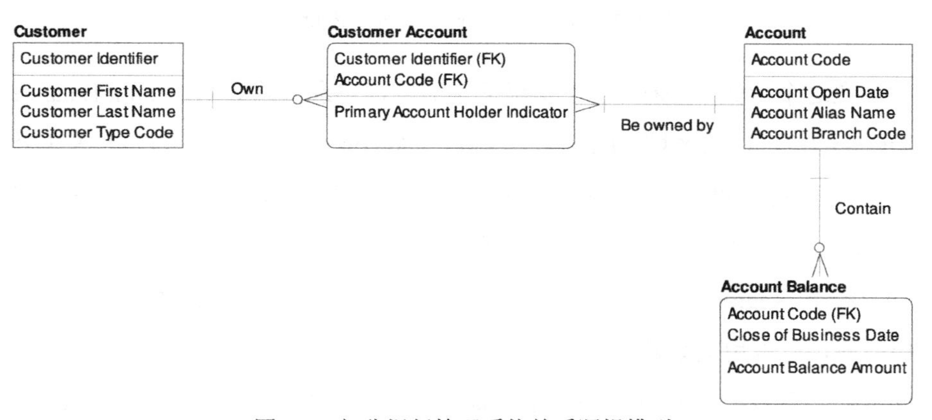

图 9.1 部分银行管理系统关系逻辑模型

9.2.2 维度逻辑数据模型示例

图 9.2 所示为维度逻辑数据模型。

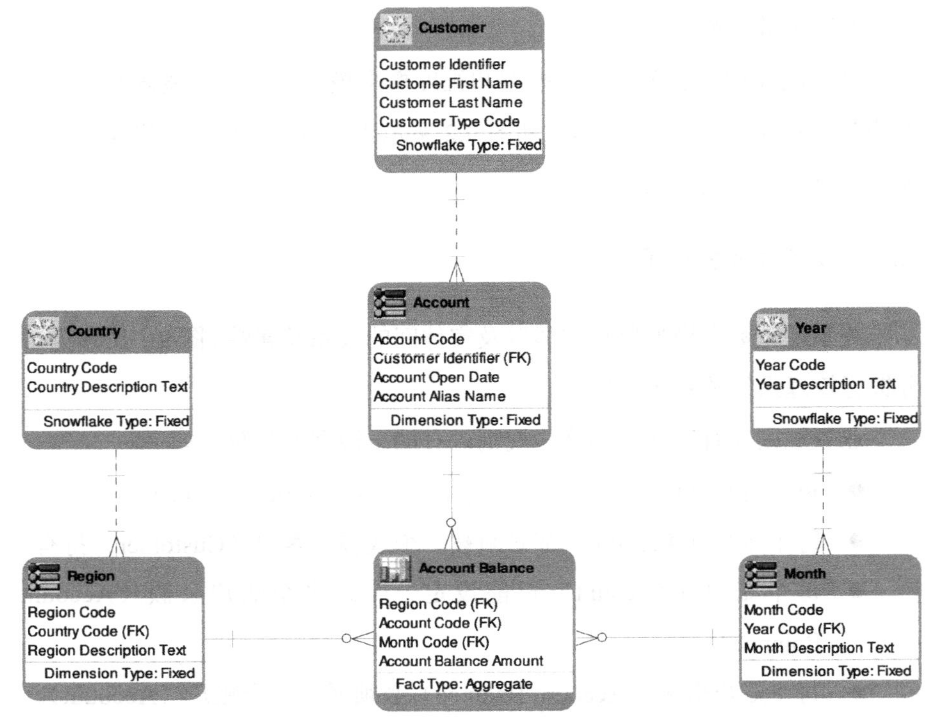

图 9.2 部分银行管理系统维度逻辑模型

在这个示例中，采用上下层级关系测度账户余额总额（Account Balance Amount），可以从区域（Region）、账户（Account）、月份（Month）等3个水平上查看测度结果，而且还可以导航到更高的层次查看，如在国家（Country）水平上查看账户余额总额。

对于 Region（区域）有必要进行进一步说明。通常，在建立维度数据模型时，可以用关系数据模型作为参考进行维度设置和维度导航。在图9.1所示的关系数据模型中，Account（账户）实体中含有 Account Branch Code（账户分支代码）。而与该关系模型对应的维度数据模型中，无需添加账户分支代码，仅仅需要知道更高层次的“区域”即可。因为在这例子中，每个区域都源于相应的分支代码，所以用区域进行导航要比使用分支容易。

9.3 构建关系逻辑数据模型

规范化和抽象是构建关系逻辑数据模型的两种常用技术。

9.3.1 规范化

在我 12 岁那年，父母送给我整整一后备箱的棒球卡片作为生日礼物。我非常高兴，不仅仅因为我所喜欢的 Hank Aaron 和 Pete Rose 也在其中，更重要的是我还很喜欢整理这些卡片。我按照年份和队名对卡片进行分类，这样的分类使我对球队及其球员有着非常深刻的认识。时至今日，我仍然可以回答很多涉及棒球卡片的问题。

一般而言，规范化是应用一组规则对事物进行整理的过程，就像我曾经对棒球卡片按年份和球队规范化一样。同样我们可以使用一组规则，对某机构涉及的属性进行规范化。正如那些棒球卡片无序地放置在后备箱里，或者在我们公司内也存在大量遍及各个部门和应用的属性。对棒球卡片进行规范化的规则是先按年份排序，各个年份内再按球队进行整理，而对属性进行规范化的规则可以被归结为下面这句话。

确保每个属性都是单值的，并且提供一个完全的、唯一的依赖于主键的事实。

单值意味着一个属性只能包含一则信息。如果 Consumer Name（消费者姓名）既包含消费者姓氏，又包含消费者名字，那么我们应该将消费者姓名分解为两个属性：Consumer First Name（消费者姓氏）和 Consumer Last Name（消费者名字）。

提供一个事实意味着给定的一个主键，由该主键标识的每个属性都不会超过一个。如果 Customer Identifier（客户标识符）值为“123”，但返回 3 个客户名（Smith、Jones 以及 Roberts），那么这种情况就违背了规范化的定义。

完全的则意味着主键是唯一能标识实体实例的最小的属性集合。如果实体主键内有两个属性，但是只有其中一个是唯一性要求所必需的，那么另外一个则应该从主键中移除。

唯一的则意味着由主键决定的每一个属性只提供一个事实，即不存在隐藏依赖。假设 Order（订单）由 Order Number（订单号）标识。在一则订单内包含很多属性，如 Order Scheduled Delivery Date（订单计划交付日期）、Order Actual Delivery Date（订单实际交付日期）及 Order On Time Indicator（订单按时与否指标）。订单按时与否指标可以取值为"yes"或"no"。它所提供的事实意味着订单实际交付日期是否与订单计划交付日期一致。显然地，订单按时与否指示提供的事实是由订单实际交付日期和订单计划交付日期决定的，并不是由订单号唯一标识。所以订单按时与否提示是一个派生属性，这种派生属性应该从规范化模型中移除。

于是规范化可以被一般性的定义为使用一系列规则对事物进行组织。正如之前提及的，这一系列规则可以被概括为：**每个属性都是单值的，并且提供一个完全的、唯一的依赖于主键的事实**。我经常使用的规范化的非正式定义为："一个正规的提出一系列业务疑问的过程"。因为在没有完全理解业务数据之前，不可能确定每一个属性是否都是单值的，也不可能确定的是否能提供一个完全的、唯一的依赖于主键的事实。为了理解数据，通常需要询问很多问题。甚至对于诸如 Phone Number（电话号码）这种简单的属性，我们都可以提出如下问题。

- 这是谁的电话号码？
- 是否必须拥有一个电话号码？
- 能拥有不只一个电话号码吗？
- 是否认为区号是独立于电话号码的？
- 是否可能在指定国家之外查阅电话号码？
- 电话号码的类型是什么？是传真号码、移动号码，还是其他种类？
- 一整天的时间都是一样的吗？例如，我们在使用电话号码时，是否需要区分出工作时段和工作外时段？当然，接下来还得讨论什么是工作时段。

为确保每个属性都是单值的，并且提供一个完全的、唯一的依赖于主键的事实，我们需要在一个个步骤中使用一系列规则。在每一个步骤（或规范化水平）中进行相应检查，保证向最终目标靠近一点。被大部分数据专家认可的完整规范化水平如下。

第一范式（first normal form，1NF）

第二范式（second normal form，2NF）

第三范式（third normal form，3NF）

Boyce/Codd 范式（Boyce/Codd normal form，BCNF）

第四范式（fourth normal form，4NF）

第五范式（fifth normal form，5NF）

每个级别的标准化都包括该级别之前低级别的规则。如果一个模型符合 5NF，那么它也符合 BCNF、4NF 等。虽然存在比 3NF 更高级别的规范化，但通常情况下所说的规范化指的是 3NF。这是因为高级别规范化（BCNF、4NF、5NF）解决的是一些特殊问题，相对于前 3 个范式，高级别规范化所要解决的问题出现的概率非常低，而且为了保持本书简洁的风格，本章着重讨论从 1～3 的范式。

初期的混乱

因为卡片的无序，所以我收到的那一后备箱的棒球卡片处于一种混乱状态，只是一大堆卡片被随意扔在一个大箱子里。我通过规则，对卡片进行排序来消除混乱。所以混乱可以用来形容任何散乱的事物，包括属性。虽然可能对每个属性都有很深刻的理解，比如属性的名称和定义，但是有时候我们缺乏知识，不知道应该把属性安排在哪个实体里。当我从大箱子中拿出一张 1978 年的 Pete Rose 并把它放在 1978 年那堆时，我便开始用排序的方法来解决混乱的问题。类似地，可以将 Customer Last Name（客户姓氏）安排到客户堆（称之为 Customer 客户实体）。

让我们学习一个示例，图 9.3 所示包含了一堆貌似与员工相关的属性。

Employee

Employee Identifier Department Code
Phone Number 1 Phone Number 2 Phone Number 3 Employee Name Department Name Employee Start Date Employee Vested Indicator

图 9.3 最初混乱的状态

最初的定义往往是低质量或者不完整的。假设这是一个 Employee（员工）实体的示例，其中 Employee Vested Indicator（员工既得利益指示器）描述的是员工是否有资格获得退休福利（值 Y 表示 yes，意味着员工有资格；值 N 表示 no，意味着员工没有资格），并且这个指示器派生于员工入职日期。又假设规定员工已经为公司工作 5 年以上，则该指示器值为 Y。

就这个示例，它的缺点是什么？通过规范化要解决什么？其实我们的目标是将这些属性安排到恰当的实体内。

为了说明以上问题，这里准备了一些具体的属性值。假设表 9.2 所示是员工属性值的部分示例。

表 9.2 员工属性值示例

Emp Id	Dept Cd	Phone 1	Phone 2	Phone 3	Emp Name	Dept Name	Emp Start Date	Emp Vested Ind
123	A	973-555-1212	678-333-3333	343-222-1111	Henry Winkler	Data Admin	4/1/2012	N
789	A	732-555-3333	678-333-3333	343-222-1111	Steve Martin	Data Admin	3/5/2007	Y
565	B	333-444-1111	516-555-1212	343-222-1111	Mary Smith	Data Warebhouse	2/25/2006	Y
744	A	232-222-222	678-333-3333	343-222-1111	Bob Jones	Data Admin	5/5/2011	N

第一范式（1NF）

正如前文所述，一系列规则可以被概括为每个属性都是单值的，并且提供一个完全的、唯一的依赖于主键的事实。第一范式就是确保每个属性都是单值的，这意味着对于给定的主键值，第一范式要求每个属性最多只有一个值依赖于该主键值。

确保由主键决定的每个属性只能提供一个值。为了纠正表 9.2 中重复组、多值属性等突出问题，建模需要做以下改进。

将重复属性移至新实体。当实体内存在两个或更多一样的属性，其称为重复属性。属性重复违背第一范式的原因是：当给定一个主键时，可以在一个属性上得到一个以上的值。重复属性经常采用有序编码作为属性名的一部分，例如，上述员工实体中的电话号码。为了明确是否有需要被处理的重复属性，可以尝试着提出一些疑问。这里介绍一个问题模板“一个[实体名]可以拥有不止一个[属性名]吗？”

- 一个员工可以拥有不止一个员工编号吗？
- 一个员工可以拥有不止一个部门代码吗？
- 一个员工可以拥有不止一个电话号码吗？
- 一个员工可以拥有不止一个员工姓名吗？
- 一个员工可以拥有不止一个部门名称吗？
- 一个员工可以拥有不止一个入职日期吗？
- 一个员工可以拥有不止一个既得利益指示器吗？

划分多值属性。多值属性是指在一个属性内存储了至少两个不同的值。换言之，有两个不同的业务概念隐藏在一个属性中。例如，Employee Name（员工姓名）包含了 Employee First Name（名）和 Employee Last Name（姓）。员工姓氏和员工名字可以被视为两个不同的属性，这样 Henry Winkler 便是一个多值属性，因为它包含了 Henry 和 Winkler。为了明确是否存在多种属性，可以尝试着提出一些疑问。这里介绍一个问题模板“[属性名]包含不止一则业务信息吗？”

- 员工编号包含不止一则业务信息吗？
- 部门代码包含不止一则业务信息吗？
- 电话号码包含不止一则业务信息吗？
- 员工姓名包含不止一则业务信息吗？
- 部门名称包含不止一则业务信息吗？
- 员工入职日期包含不止一则业务信息吗？
- 员工既得利益指示器包含不止一则业务信息吗？

基于表 9.2 中所列的数据，并与业务专家交流之后，回答上述问题。我们更正的模型由图 9.4 表示。

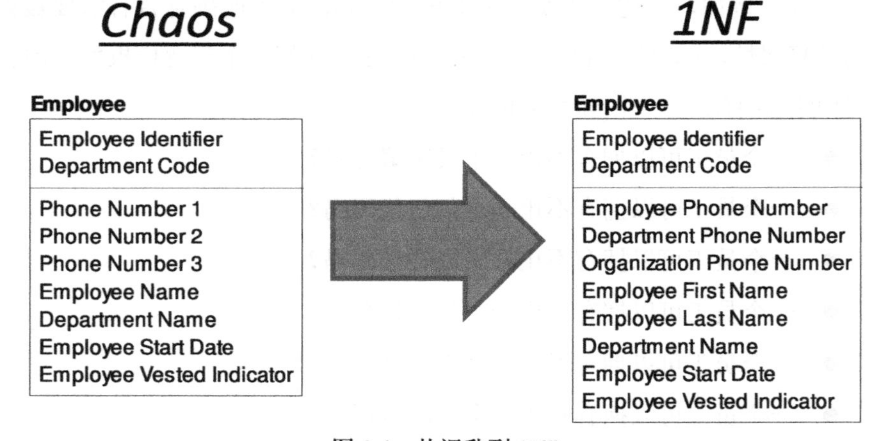

图 9.4 从混乱到 1NF

我们已经知道尽管 Phone Number 1、Phone Number 2、Phone Number 3 表现为重复属性，但根据示例中所给定的实际值，它们代表 3 则不同的信息。对于所有的 4 个员工，他们具有完全一样的 Phone Number 3，经与业务专家确认后，该号码实际为机构电话号码。Phone Number 2 则根据不同的部门变化，则该属性需重命名为 Department Phone Number（部门电话号码）。Phone Number 3 对于每一个雇员都是不一样的，经了解它是 Employee

Phone Number（员工电话号码）。而且我们还被告知 Employee Name（员工姓名）中包含不止一条信息，它应该划分为 Employee First Name（员工名字）和 Employee Last Name（员工姓氏）。

第二范式（2NF）

正如前文所述，一系列规则可以被概括为每个属性都是单值的，并且提供一个完全的、唯一的依赖于主键的事实。第一范式用来确保每个属性都是单值的。第二范式（2NF）则用来确保完全性，这意味着每个实体都必须含有最小的属性集合来唯一标识每一个实体实例。

与第一范式类似，为了明确是否具备最小的主键，可以提出一些疑问。这里所使用的提问模板为“是否主键中的所有属性都是检索单一[属性名]的实例所必须的？”根据图 9.4 所示的 Employee 示例，主键的最小集合为 Employee Identifier （员工编号）和 Department Code（部门代码）。

以下是关于员工实例提出的一些疑问。

- 是否员工编号和部门代码都是检索员工电话号码的实例所必须的？
- 是否员工编号和部门代码都是检索部门电话号码的实例所必须的？
- 是否员工编号和部门代码都是检索组织电话号码的实例所必须的？
- 是否员工编号和部门代码都是检索员工名的实例所必须的？
- 是否员工编号和部门代码都是检索员工姓的实例所必须的？
- 是否员工编号和部门代码都是检索部门名称的实例所必须的？
- 是否员工编号和部门代码都是检索员工入职日期的实例所必须的？
- 是否员工编号和部门代码都是检索员工既得利益指示器的实例所必须的？

规范化是一个提出问题的过程。在这个示例中，如果没有提出“在同一时间段内，一位员工可以为不止一个部门服务吗”这样的问题，2NF 便不能被实现。如果上述问题的回答为“yes”或“有时”，那么图 9.5 中第 1 个模型便是准确的，如果回答为“no”，那么第 2 个模型便是准确的。

1NF

Employee

Employee Identifier
Department Code

Employee Phone Number
Department Phone Number
Organization Phone Number
Employee First Name
Employee Last Name
Department Name
Employee Start Date
Employee Vested Indicator

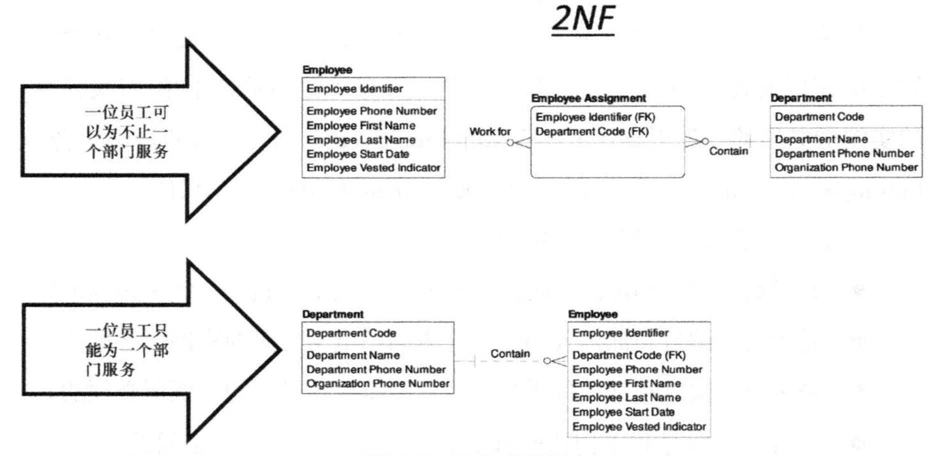

图 9.5 2NF 规范化

第三范式（3NF）

正如前文所述，一系列规则可以被概括为每个属性都是单值的，并且提供一个完全的、唯一的依赖于主键的事实。第一范式用来确保每个属性都是单值的。第二范式（2NF）则用来确保完全性，第三范式则用来确保唯一性。

第三范式需要移除隐藏的依赖。每个属性都必须直接依赖于主键，而不依赖于实体内的其他属性。

数据模型是一种交流工具，关系逻辑数据模型要求所有属性值均由主键且只能由主键决定。隐藏的依赖复杂化了数据模型，使得如何检索每个属性的值变得困难。

为了解决隐藏的依赖，需要从模型中将那些依赖于其他非主键属性移除，或者为那些依赖于非主键的属性，创建一个带有其他主键的新实体。

正如 1NF 和 2NF 一样，我们仍可以提出很多疑问来发现隐藏依赖。这里所使用的问题模板为“[属性名]值的检索依赖于该实体内的其他属性吗？”

以下是关于员工实例提出的一些疑问。

- 员工电话号码的检索依赖于员工内的其他属性吗？
- 组织电话号码的检索依赖于部门内的其他属性吗？
- 部门电话号码的检索依赖于部门内的其他属性吗？
- 员工名的检索依赖于员工内的其他属性吗？
- 员工姓的检索依赖于员工内的其他属性吗？
- 部门名称的检索依赖于部门内的其他属性吗？
- 员工入职日期的检索依赖于员工内的其他属性吗？
- 员工既得利益指示器的检索依赖于员工内的其他属性吗？

需要注意的是 Employee Vested Indicator（员工既得利益指示器）的取值依赖于 Employee Start Date（员工入职日期），因为 Employee Vested Indicator 的取值 Y 或 N，根据员工入职日期计算可得。图 9.6 所示为应用 3NF 规则移除派生属性 Employee Vested Indicator 之后的模型。

你将会发现，当你做的规范化工作越多，你就越倾向于从依次应用规范化规则过渡到平行地运用这些规则。一种做法是先对你所建的模型应用 1NF 规则之后应用 2NF 等。而更倾向的做法则是同时应用所有层次的规范化规则，这种做法可以通过观察每一个实体，并确保主键是正确的。仅包含最小的属性集合，而且确保所有属性的取值只依赖于主键。

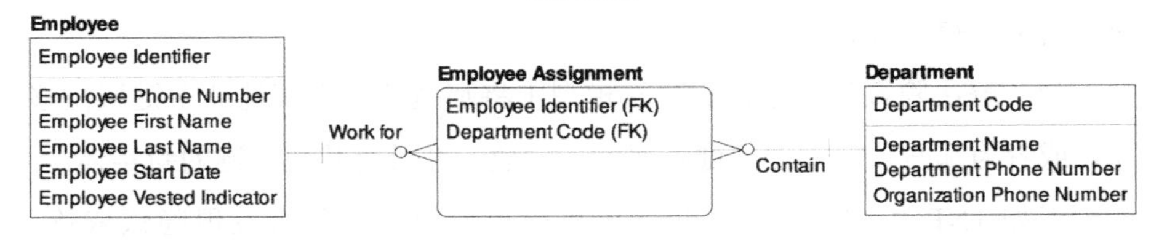

图 9.6 3NF 规范化

9.3.2 抽象

规范化是作用于关系逻辑模型上的强制性技术，而抽象则是一项可选技术。抽象通过重定义和将一些实体、属性、关系在模型范围内结合成更通用的条目，为数据模型注入灵活性。

例如，我们可以将规范化数据模型进一步抽象，把 Employee 抽象为 Party 和 Role，如图 9.7 所示。

需要注意的是抽象可以获得很大的灵活性。通过将 Employee 抽象为 Party Role 的概念，我们可以添加额外的角色，而无需对数据模型进行修改，而且最终开发的应用程序也很可能无需改变。例如，可以将 Contractor 和 Consumer 等角色无缝添加，而不必对数据模型进行更新。抽象带来极大灵活性的同时，也伴随着以下 3 个方面的弊端。

降低了交流性：抽象后的概念，使得模型所表述的内容不再明确、具体，即当我们抽象时，经常会将列名转换为实体实例。例如，抽象后，Employee 不再作为一个明确的实体，而变成 Party Role 的一个实体实例，其 Role Type Code 值为 03。使用数据模型的重要原因之一就是其交流性，但是抽象却阻碍了数据模型交流性功效的发挥。

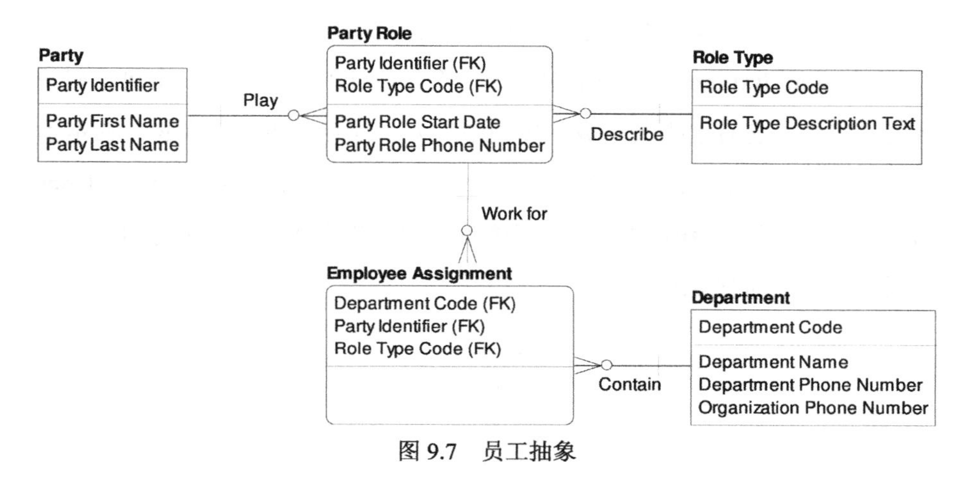

图 9.7　员工抽象

损失业务规则：当我们使用抽象时，业务规则也会有所损失。更明确地说，在抽象之前，可以使用数据模型实施业务规则，而抽象之后则需用程序代码等其他方式来确保规则。例如，想确保一个 Employee（员工）必须有相应的 Start Date（入职日期），但是经抽象之后的数据模型（如图 9.7 所示）则不能保证此规则。

增大开发难度：抽象后，需要富有经验的程序开发人员实现，当加载一个抽象结构时，需要将属性转化为值，或者在用抽象源填充抽象结构时，又需要将值转化为属性。试想，用抽象源 Employee 填充 Party Role。所以，对于程序员而言，直接使用 Employee 来加载数据要简单很多，而且程序代码变得精简，程序加载速度也提高不少。

尽管抽象提升了应用程序的灵活性，但同时也提高了应用成本。只有当模型构造师、数据分析师已经预见到在不远的将来一些新类型事物需要添加进模型时，抽象才变得更有意义。如图 9.7 所示的例子中，需要添加进模型的新类型事物为 Contractor。

9.4 创建维度逻辑数据模型

图9.8所示为本章之前我们所学习到的维度数据模型。

Account Balance（账户余额）是一个量度计的示例，是一个包含相关测度的实体，它有别于关系数据模型中的人、地点、事件或事物。在本示例中，量度计包含的一组测度只有一个账户余额数（Account Balance Amount）。通常，一组测度作为一个整体，来测度所关注的是业务过程，如利润率、员工满意度或销售。

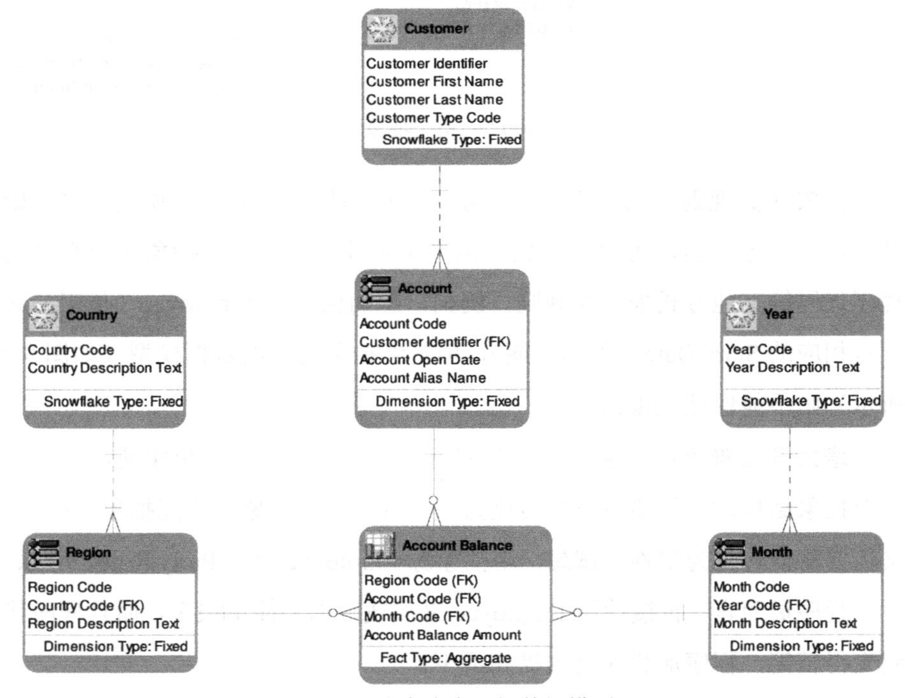

图9.8 账户维度逻辑数据模型

量度计可以被进一步划分为以下4种类型之一。

聚集：又称为概括。聚集量度计中存储信息的粒度层次要高于事务粒度层次。对焦提供了用户友好、快速数据访问的结构和报表工具。此例中的 Account Balance 即为一个聚集。

原子：其中包含了业务中可用的最低层的细节数据，其细节水平层次与操作型系统中存在的细节水平一致，诸如订单输入系统。在银行账号管理中，一个原子事实的例子为个人银行账户的取款和存款交易。

累积：又称之为累加。累积关注的是完成一次业务流程需要多长时间。例如，从开始申请一直到完成房屋抵押贷款所经历的时间将被记录在一张累积事实表中。

快照：记录了实体生命周期中与特定步骤相关的时间信息。例如，销售的快照信息可能包含订单何时被创建、确认、运输、交付以及支付。

区域、账户和月份都是维度示例，用 3 条水平线组成的图标加以标识。每个维度都是用来增加量度指标的主题，所有过滤、排序和求和等不同的应用需求都使用同样的维度。维度拥有自身的属性。一个维度又可以进一步划分为以下 6 种维度类型。

固定维度：又称之为 0 型渐变维度（Slowly Changing Dimension，SCD），固定维度中包含的值不随时间改变。例如，性别是一种固定维度，其值为“男”和“女”。

退化维度：维度的属性都被移至事实表中。最典型的退化维度是原始维度中仅包含单一的数据属性，比如类似订单号这样的事务标识。

多值维度：多值维度可以用来解决属性或字段存在多值的情况。例如，健康护理单中所包含的“诊断”栏目就可能存在多值的情况。但需要注意的是最好的模型应该是其中的每个属性只有单一的值。对于健康护理单的建模，我们可以创建一个多值结构来存储诊断信息，且为每种诊断赋以权重，并确保所有的权重和为“1”。

不齐整维度：在一个不齐整的维度（表）中，至少有一个成员的父成员在该维度（表）的直接上级维度（表）中缺失。不齐整维度允许层级的深度是不确定的，例如，由国家、州、市组成的 3 级维度中，某些城市如华盛顿地区便没有与之对应的州。

收缩维度：收缩维度依附于测度计，并且通常只包含少量非量度性属性。收缩维度经常应用于处理大块文本数据，文本与测度计通常具有相同的细节水平，而且为了节省空间和提高检索效率，大块文本数据会被存储在独立于数据库的结构中。

渐变类型 0～6：渐变维度（SCD）类型 0 和固定维度的概念一致，其值不随时间变化。SCD 类型 1 意味着仅仅存储当前维度成员的值，而忽略数值的历史变化。SCD 类型 2 意味着需要存储所有的历史数据（类型 2 是种时间机器）。SCD 类型 3 意味着仅仅需要记录一部分历史信息，如当前状态和最近状态或当前状态和原始状态。SCD 类型 6 则表示存在复杂维度，该维度的历史可能存在多种变化。比如，维度的组成部分 1 符合 SCD1，组成部分 2 符合 SCD2，组成部分 3 符合 SCD3，即 1+2+3=6。类型 0、1、2、3 是构成复杂、先进历史信息（如类型 6）所需的组件。

9.5 练习 9：修改逻辑数据模型

图 9.9 所示为需要被改进的某逻辑数据模型的子集。

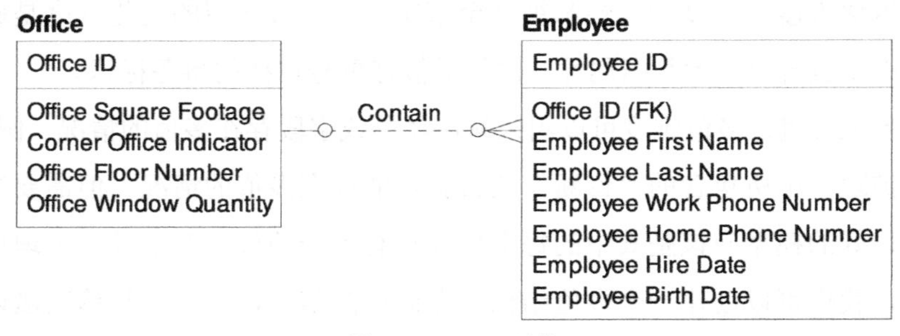

图 9.9 LDM 子集

关系表述如下。

- 每个办公室可以容纳一个或多个员工。
- 每个员工都应该被安排在某个办公室。

现需要将属性 Office First Occupied Date（办公室初次使用日期）添加进该模型。

以下是关于属性 Office First Occupied Date 的定义。

Office First Occupied Date 是员工第 1 次使用某办公室而由相关部门登记的日期，该日期要求被记录在人力资源数据库中，而且该日期必须符合工作日的要求，即非节假日或周末。

本领域的业务专员提出了 3 条需要模型表达的 3 条规则。

1. 对于每一个占有办公室的员工都必须具有 Office First Occupied Date 属性。

2. 仅经理有独立办公室，而且所有的经理都有办公室。

3. 每位经理有且仅有一间办公室。

修改上述模型以适应新的属性和以上 3 条规则。

关 键 点

√ 逻辑数据模型用来描述详细的业务解决方案。

√ 关系逻辑数据模型描述的是业务运转过程，而维度逻辑数据模型则描述的是如何对业务实施监测。

√ 规范化就是一个用正规的方法提出业务疑问的过程，以确保每个属性都是单值的，并且提供一个完全的、唯一的依赖于主键的事实。

√ 抽象通过重定义和将一些实体、属性、关系在模型范围内结合成更通用的条目，为数据模型注入灵活性。

√ 维度数据模型涉及一些特有的、重要的概念，如量度计、维度等。

√ 量度计可以被进一步划分为聚集、原子、累积和快照 4 种类型。

√ 维度又可以进一步划分为固定维度、退化维度、多值维度、不齐整维度、收缩维度和渐变维度 6 种类型。

第10章 物理数据模型

创建物理的
折衷逻辑的
效率规则。

表10.1中显示的物理数据模型即为本章的学习要点。

表10.1　　各类数据模型对比

	关　系	维　度
概念数据模型（CDM）	“单页”数据规则	“单页”导航
逻辑数据模型（LDM）	基于业务规则的详细业务解决方案	基于业务规则的详细业务解决方案
物理数据模型（PDM）	**详细的技术解决方案**	

物理数据模型使用由逻辑数据模型定义的业务解决方案，构建下一层次的技术解决方案，即一旦我们解决了与硬件、软件无关的问题，接下来应该根据具体的硬件、软件环境对模型进行必要的调整。

本章将介绍用于业务解决方案（LDM）调整的最流行技术以及高效的技术解决方案（PDM）的创建。本章首先对物理数据模型加以说明，之后讨论反规范化、视图、索引和分区等相关技术，这些技术可以应用于关系型、维度型和NoSQL模型，然而技术的名称会随所应用的模型类型的不同而改变。本章还将就各术语间的差异做简要说明。

10.1 物理数据模型说明

物理数据模型（PDM）是逻辑数据模型在特定软件或硬件环境中的折衷方案。关于概念数据模型，我们已经就订单输入系统，学习了该系统涉及的概念、业务规则和应用范围。在理解订单输入系统需求的基础上，又创建了一个表示业务解决方案的逻辑数据模型，它包含有需要交付系统使用的所有属性和业务规则。例如，概念数据模型展示了一位 Customer（客户）可能订购一个或多个 Order（订单），而逻辑数据模型则描述了有关客户和订单的所有细节，诸如客户姓名、地址、订单号等。在理解业务解决方案之后，我们要将注意力转移到技术解决方案，并创建相应的物理数据模型，此时需要考虑系统的执行效率及存储效率，客户和订单的结构或许需要做一定的修正。

当构建物理数据模型时，我们往往需要解决与特定硬件或软件相关的问题，例如：

- 如果应用系统以大数据应用为背景，那么如何做到海量数据的快速处理和快速分析？
- 如何保证信息安全？
- 如何在两秒内对业务问题进行解答？

需要注意的是：在数据建模早期，存储空间非常昂贵，计算机处理速度相对缓慢，当时模型修正的主要目的是为了保证应用系统能高效地运行，所以与逻辑数据模型不同，当时的物理数据模型更像是为不同的应用程序而专门订制的。随着科学技术的发展，处理器越来越快速、廉价，磁盘空间和系统内存越来越廉价、大容量，以及专门的硬件都发挥了各自的作用，使用物理模型更像其对应的逻辑模型。但是由于大数据处理和分析工具变得越来越主流，于是目前（至少是暂时）物理模型和逻辑模型再次出现了较大的差异性，比如物理大数据设计可以是基于文件或文档的，以便快速加载和分析数据。所以将物理数据模型置于一张表或一个文件中，这或许是基于数据库技术的最优设计。

10.2 关系及维度物理数据模型

回顾本章开始的部分，关系数据建模通过准确的业务规则表达来描述业务运转过程，而维度数据建模则是通过准确的导航表达来描述业务是如何被监测的过程。相应地，可以建立关系型物理数据模型和维度型物理数据模型。

之前已经学习了关系型和维度型的概念模型和逻辑模型（如概念数据建模章节中的图 8.3 和图 8.4，以及逻辑数据建模章节中的图 9.1 和图 9.2 所示），而图 10.1 和图 10.2 则是以上两个示例的物理层实现。下面先从关系物理模型开始，依次介绍它们的构建。

关系型物理模型中包含有实体及其定义、关系和各列及相应定义。需要注意的是：在关系数据库管理系统（Relational Database Management System，RDBMS）中的物理数据模型，由术语“表”替代实体，由“列”替代属性，图 10.1 所示为部分银行管理系统的关系物理模型。该模型 Customer（客户）和 Account（账号）被整合进一个结构中，这样做是为了提高检索速度，或者便于开发者提取、转换和加载（ETL）数据。

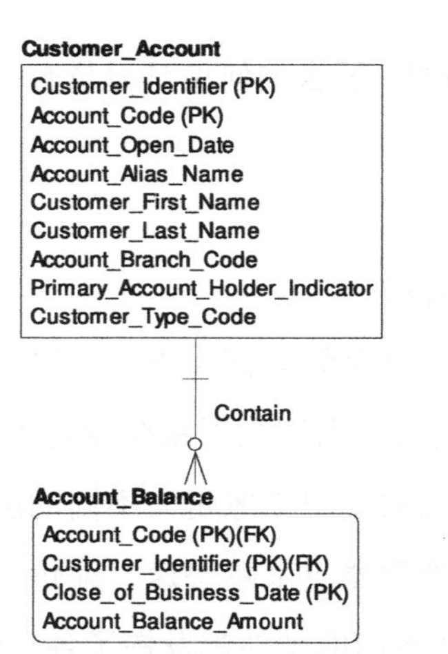

图 10.1 部分银行管理系统关系物理模型

为了便于理解、记录、实现银行管理系统的报表需求，创建了一个维度物理数据模型。如图 10.2 所示，该模型为星型模式下的维度物理数据模型，它与所对应的逻辑模型相似，略有不同的是图 10.2 中的维度逻辑数据模型中的每个维度分支都被平铺进一个结构中。

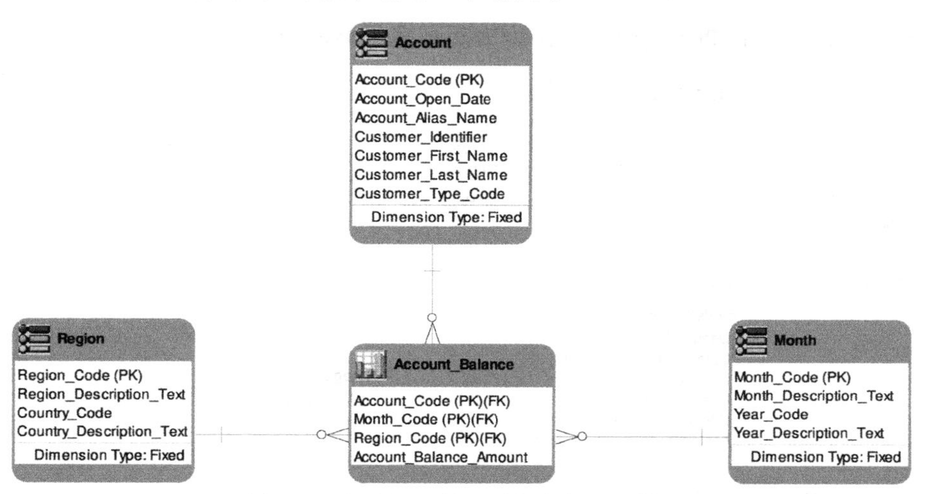

图 10.2 部分银行管理系统维度物理模型

10.3 反规范化

反规范化是选择性地违反规范化规则并在模型（数据库）中重新引入冗余的过程。反规范化的主要目的在于：额外的冗余有助于降低数据检索时间。同时，反规范化还有助于创建一个用户友好的模型。例如，可以将反规范化的公司信息添加进含有员工信息的实体，因为通常在检索员工信息时，其公司信息也可能需要一并检索。存在很多实现反规范化的技术，本书讨论其中最常见的两种：Rolldown 和 Rollup。Rolldown 指主从表合并至从表，Rollup 指主从表合并至主表。

让我们再看看那个冰淇淋示例，有家专门销售冰淇淋配料的小公司，用 Offering 表示冰淇淋配料，如巧克力颗粒或热巧克力。用 Category 表示配料分类组织方式，如颗粒种类含有巧克力颗粒和七彩颗粒。一种配料可以属于一个以上的种类，如巧克力颗粒既属于颗粒种类，又属于巧克力种类。

对 Offering，Category 和 Assignment 应用 Rolldown 和 Rollup 技术。图 10.3 所示为规范化结果，以及应用两种技术之后所对应的物理模型。需要注意的是，这里的 Category Priority Number 用来刻画某种类的受欢迎程度。Assignment Priority Number 用来刻画某种类内一种配料的受欢迎程度。

Our Normalized Starting Point:

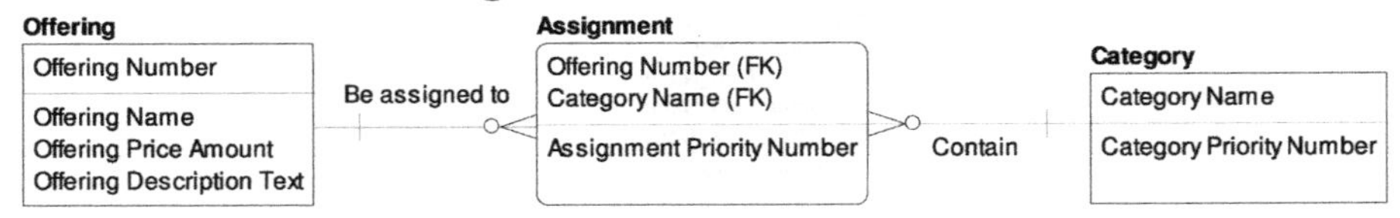

Rolldown Denormalization:

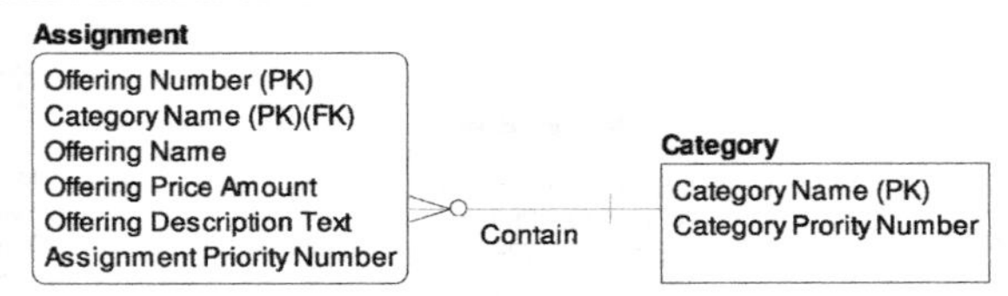

Rollup Denormalization:

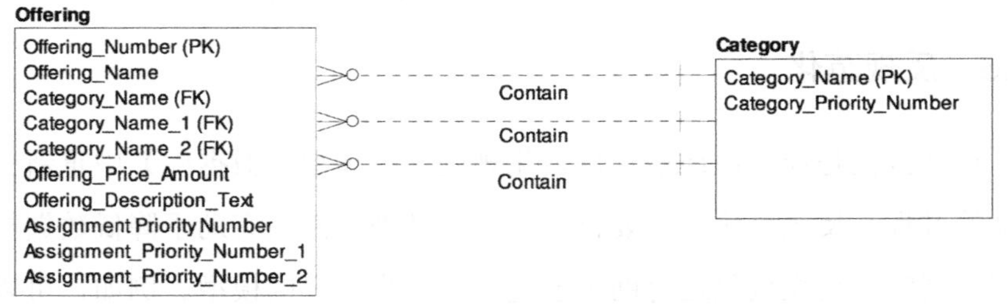

图 10.3 Offering 及 Category 逻辑的两种物理模型设计

ROLLDOWN 反规范化

Rolldown 是种最常见的反规范化技术，关系中的父实体将消失，父实体中所有的列和关系都被下移至子实体。需要强调的是：子实体出现在一个关系线标示有“多”的一侧，其中还含有返回到父实体的外键，父实体出现在关系线标识有“1”的一侧。

选择反规范化的目的在于提高检索速度，设计用户友好的结构，而且当出现以下情形时可以采用 Rolldown 技术。

当需要保持规范化模型的灵活性时，使用 Rolldown 技术将各列、各关系归并在一起。一对一、一对多关系仍然可以被存储（但不在数据库中实施）。如图 10.3 所示，并没有丢失灵活性，即一个 Offering 仍然可以属于多个 Categories。

当需要降低开发时间和复杂性时，通常模型中表及关系的数量直接影响开发应用程序的工作量。开发者往往需要编写代码实现从一个表到另一个表的跳转，以便收集多个指定列的信息。这样无疑增大了时间花销，增加了开发复杂性。使用 Rolldown 技术反规范化，使得模型只有少量表构成，意味着来自不同实体的各列、各关系可以存在于同一实体。如图 10.3 所示，如果开发者需要检索配料信息和种类名称，显然从实体 Assignment 很容易实现。

ROLLUP 反规范化

使用 Rollup 技术，一列或多列的组合可能在同一个实体内被重复两次或多次。Rollup 需要设置某种情形出现的次数。在规范化过程中，第 1 范式要求移除重复组，而 Rollup 则重新添加了重复组。如图 10.3 所示，设置一种配料所属的最大种类数为 3。

选择反规范化的目的在于提高检索速度，设计用户友好的结构，而且当出现以下情形时可以采用组重复技术。

当保留父实体而替代子实体显得更有意义时，即当父实体的使用频率要明显高于子实体时，或者父实体中保存有某些规则或特殊列时，此时保留父实体显得更有意义。

当实体实例数目永远不会超过列数之和时，如图 10.3 所示，只允许每种配料最多只能属于 3 个种类。如果存在第 4 种配料，应该如何处理？

星型模型

反规范化这一术语只能排他地应用于关系物理数据模型，因为在规范化之前是不可能进行反规范的。但是反规范化技术也可以被应用于维度模型，只是不能使用反规范化这种关系型术语。比如，Rolldown 仍然可以应用维度模型，反规范化技术应用于维度模型对应的术语为 flattening（平铺）或 collapsing（扁平化）。

星型模式是常见的一种维度物理数据模型结构。维度逻辑数据模型中的测度计（meter）在维度物理数据模型中对应为“事实表”（fact table）。星型模式的结果为组成维度的一组表被平铺（flattened）到单个表中。事实表处于模型的中心，与事实表相关的每一个维度都被置于最低的细节水平。相对而言，星型模式比较容易创建和实现，而且从应用系统开发到监测业务运行过程都变得更简洁。

图 10.4 所示为图 10.2 中的维度数据模型。

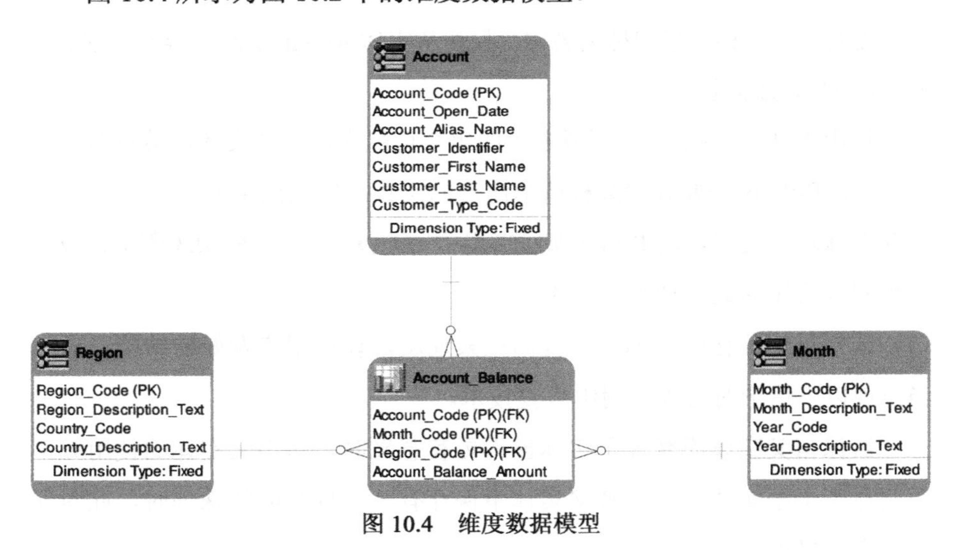

图 10.4 维度数据模型

星型模型将维度分支上的各个层级都“扁平化”至一个表中。于是在本例中 Customer 被“扁平化”进 Account，Country 被“扁平化”进 Region，而 Year 被“扁平化”进 Month。

10.4 视图

视图是一种虚拟表，是由 SQL 查询定义的作用于真正存储数据的表(或其他视图）之上的“视窗”或窗口视图。SQL 查询用来指定如何从基础表中抽取数据。SQL 查询是用户（或报表工具）在数据库之上的数据请求，例如，返回 90 天或 90 天以上，未支付账单的所有客户的 Customer ID。查询和视角的差别在于：定义视图时，供用户（或报表工具）使用的视图指令被一并存储在数据库之中，而查询不能被存储在数据库之中，即每次查询都得重写 SQL 语句。

图 10.5 所示为 Assignment 和 Category 的视图，以实现一种简单方式来显示关于冰淇淋配料及其种类信息。

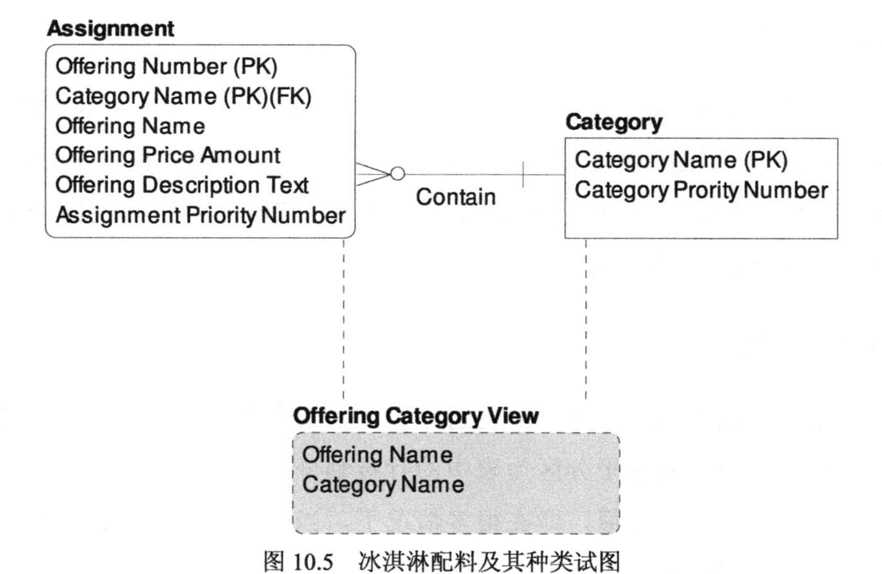

图 10.5　冰淇淋配料及其种类试图

与创建视图紧密关联着的一条 SQL 查询语句，用来按特定要求检索出 Offering Name 和 Category Name。

```
CREATE VIEW "Offering Category View" AS
SELECT Assg."Offering Name", Ca."Category Name"
FROM Assignment Assg, Category Ca
WHERE Assg."Category Name" = Ca."Category Name"
```

ORDER BY Assg."Category Priority Number" DESC

表 10.2 为返回的结果示例。

表 10.2 SQL 语句的运行结果

Offering Name	Category Name
Chocolate Sprinkles	Sprinkles
Chocolate Sprinkles	Chocolate
Rainbow Sprinkles	Sprinkles
Hot Fudge	Chocolate

10.5 索引

索引（index）是一个值，是指向表中该值实例的指针。第 5 章我们讨论了主键、备用键和倒排入口（inversion entry）。在物理数据模型中主键、备用键和倒排入口都被转化为索引。主键和备用键转化为唯一索引，而倒排入口被转化为非唯一索引。

10.6 分区

分区（partition）指将一个表划分为两个或多个表。垂直分区指表中的列被划分，而水平分区为表中的行被划分。水平分区及垂直分区常常被结合在一起使用，即在很多情况下，当行被划分时，该集合只包含某些特定的列。

在创建分析系统时，垂直分区和水平分区都是常用的技术。例如，一张表包含数目众多的列，而且其中只有一部分是经常改变的，那么经常变换的子集可以被垂直分区到一张独立的表中。又如，一张表中存储了十年的订单信息，为了提高查询效率，我可以按年份进行水平分区，这样按年份进行查询其检索速度将大大提高。

分区可以被当作一种活性技术使用。即便应用程序已交付运行，开发者在监控系统的执行速度、存储空间之后，确认需要进行一定的性能改善，那么开发者可以选择添加分区。

10.7 练习 10：用子类型创建物理模型

子类型是一种有力的逻辑数据模型交流工具，因为建模者可以使用子类型表示不同业务概念间的相似性，以提高系统间整合性和数据质量。如图 10.6 所示，模型包含如下业务规则。

- 每间 Classroom（教室）可以被一次或多次 Course（课程）所占用。
- 每次 Course（课程）可以在一间或多间 Classroom（教室）中进行。
- 每次 Course（课程）可以是 Lecture（讲授）或 Workshop（分组讨论）。
- 每次 Lecture（讲授）是一次 Course（课程）。
- 每次 Workshop（分组讨论）是一次 Course（课程）。
- 作为前提条件，每次 Workshop（分组讨论）前需要一次或多次 Lecture（讲授）。
- 每次 Lecture（讲授）必须是某次 Workshop（分组讨论）的前提条件。
- 每个 Learning Track（学习轨迹）必须包含一次或多次 Lecture（讲授）。
- 每次 Lecture（讲授）必须属于一个 Learning Track（学习轨迹）。
- 每个 Learning Track（学习轨迹）必须包含一次 Workshop（分组讨论）。
- 每次 Workshop（分组讨论）必须属于一个 Learning Track（学习轨迹）。

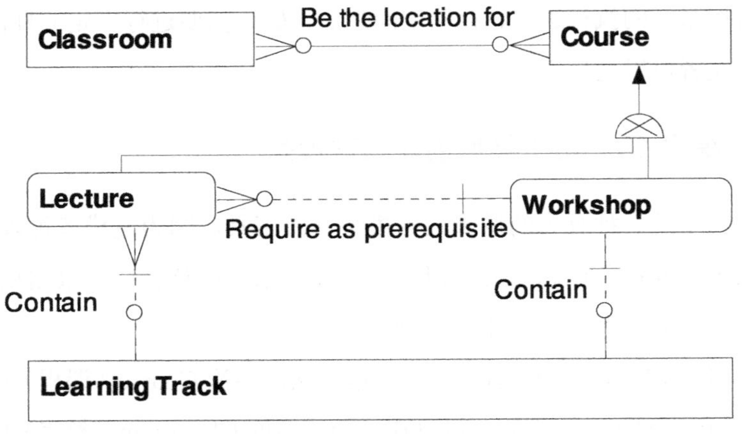

图 10.6 课程子类型结构

假设图 10.6 为一个逻辑数据模型，而且为了便于处理并没有给定具体的实体属性，在对应的物理数据模型中，可以使用以下 3 种方法实现子类型的替换。

Rolldown：移除父类型实体，并将父类型实体中的所有属性和关系都拷贝至相应的子类型实体中。

Rollup：移除子类型实体，并将子类型实体中的所有属性和关系都拷贝至相应的父类型实体中，并增加类型码，以区分各子类型。

Identity：将子类型符号转换为一系列一对一关系，并分别连接父类型和各个子类型。

请使用上述 3 种技术，构建 3 个物理选项。

当你完成后，请参看书后面的参考答案。

关 键 点

√ 物理数据模型指使用由逻辑数据模型定义的业务解决方案，构建下一层次的技术解决方案。

√ Rolldown 是指一对关系中的父实体消失，并且将父实体中所有的列和关系都下移至子实体。

√ Rollup 是指一列或多列的组合可能在同一个实体内被重复两次或多次。

√ 星型模式的结果为组成维度的一组表被平铺（flattened）到单个表中。

√ 视图是一种虚拟表，是由 SQL 查询定义的作用于真正存储数据的表（或其他视图）之上的“视窗”或窗口视图。

√ 索引是一个值，是指向表中该值实例的指针。

√ 分区指一个表被划分为两个或多个表。垂直分区指表中的列被划分，而水平分区为表中的行被划分。

第 4 部分

数据模型质量

截至现在，我们已经学习了数据建模在应用系统开发中的重要作用、数据模型的组成部分以及 5 种不同类型的数据模型。虽然我们已经具备了关于数据建模的所有知识，但如何才能提高可交付数据模型的质量呢？本书的第 4 部分将主要介绍如何通过模板、数据模型记分卡等手段达到提高模型质量的目的，以及如何与业务团队、项目团队进行有效交流沟通。

第 11 章将通过引入一些模板，进行需求获取、分析和验证。在节约分析时间的同时，模板的使用还可以显著提高数据模型结果的精确性。

第 12 章将着重介绍一种行之有效的数据模型质量验证技术——数据模型记分卡（Data Model Scorecard）。数据模型质量直接影响程序稳定性、数据质量等与应用系统相关的一些特征。

第 13 章将为数据分析师和数据建模师给出一些如何与其他团队成员一道工作的建议。Graeme Simsion 作为一名从业者、教师、研究人员已经在数据建模领域工作了近 25 年，他将在本章分享关于目标设定、工作推进和实现预期等各个环节中的工作经验。

第 11 章 哪些模板有助于准确获取应用需求

循环，重复使用
易于填写的模板，
把握一致性规则。

在实际工作过程中我们可以使用一组模板，在节约时间的同时，还能提高数据模型结果的精确性。本章将着重逐一介绍这些工具。事实上，无需在建模过程中使用所有的工具，而是应该根据应用环境、与你一道工作的人员的情况，有选择性地使用其中的一部分。

In-The-Know 模板用来获取对数据需求有所贡献和验证功能的人员及文档。概念列表（Concept List）用来罗列业务运作过程中，一些非常重要的概念及其定义。家族树（Family Tree）是一种用来在应用系统范围内，为每个概念或属性获取源应用程序或其他关键元数据的电子表格。

11.1 IN-THE-KNOW 模板

In-The-Know 模板用来获取对数据需求有所贡献和验证功能的人员及文档。其中记录了相关人员的姓名、角色和联系信息，同时罗列了一些重要资源的出处，例如，对完成数据模型交付起到至关重要的一些文档（业务、功能需求文档等）的出处。如果不将以上内容记录下来，而只是依靠记忆，一段时间过后很容易将一些重要信息遗失。

表 11.1　　In-The-Know 模板示例

条目	资　源	类　型	角色/如何使用	出处/联系
客户	Tom Jones	主题专家、顾问	客户介绍人 数据管理员	212-555-1212
	客户分类列表	参考文档	验证并创建新的客户分类	S:/customer/custclsfn.xls
商品	当前商品报表	报告、报表	查阅当前商品信息	www.item.com

以下说明表 11.1 中各列的作用。

- **条目**：该列用来列举概念名称，此处列举的概念来自概念数据模型或概念列表（之后会讨论到的一项技术）。表 11.1 中罗列的是客户和商品。
- **资源**：该列为信息源。在本模板中，该列可以被扩展而存储任何有用的信息，其中包括人员、需求、文档、报告等，但在进行描述时尽量做到具体化。如果一个概念对应多个资源，此时每个资源在表中占单独的一行，如表 11.1 中的 Tom Jones、客户分类列表和当前商品报表。
- **类型**：为每一个资源指定通用分类，由于这里使用的是被广泛使用的通用模板，所以将每一个资源指定最恰当的分类显得十分重要。例如，表 11.1 中的主题专家顾问、参考文档和报告报表。当 In-The-Know 模板记录的信息量非常大时，对资源进行分类就显得更为重要。
- **角色/如何使用**：该列用来说明罗列的资源对于项目开发为何是有价值的。为什么要在模板中列举出各种资源？明确化！例如，表 11.1

中的客户介绍人、数据管理员、验证并创建新的客户分类、查阅当前商品信息。

- **出处/联系**：该列提供如何查找资源的路径。如果资源是文档，则该列中记录了文档在公共硬盘驱动器上的路径，或者记录了在某服务器或网站中的位置。如果资源是人，则该列中记录了此人的电话号码或电子邮箱。例如，表 11.1 中的 212-555-1212，S:/customer/custclsfn.xls 和 www.item.com。

In-The-Know 模板用来获取对数据需求有所贡献和验证功能的人员及文档。对信息进行标准化格式设置可以实现以下几个目标。

- **提供了方便、完整的参考列表**。模板不仅易于阅读而且提供了用于查找人、文档等资源所必需的所有类型的信息。即便整个项目在交付使用多年之后，该列表对于可能出现的功能性或技术性问题的解决，依然具有现实意义。
- **可用资源列表便于发现缺失或冗余**。模板的使用突显了任何缺失信息。例如，很容易发现模板中是否缺失关于商品的报表，一旦缺失一些关键的参考文档，都会引起模型构造师及管理层的注意。
- **充当一份标志文件**。例如，某人被当作与某特定概念相关的资源记录在模板中，那么管理层将十分留意此人的工作状况并有可能对此人的工作时间进行必要的调整。这样便极大降低了当有用户咨询某问题如何解决时，却发现此人正在进行其他工作的可能性。

11.2 概念列表

如果不了解从哪获取、掌握高级别的业务规则，即概念数据模型中的关系，那么概念列表则可以作为一个方便、快捷的工作起始点。概念列表罗列了对于业务非常重要的关键概念，而无需使用数据建模符号。作为模型开发者，应该在概念列表中精炼各个条目以及它们的定义，确保各概念的时效性和价值性。

表 11.2　为概念列表示例

名称	近义词	定义	疑问
资产	机器、零件、资金、股票、财产、储备物质	企业所拥有的具有一定价值的物品	是否包括计划来年所要购买的物品
运输单位	汽车货运公司、中转商、交通服务提供单位	一家提供将货物商品从一个地点搬运至另一地点服务的公司	运输单位既包括公司自有的运输部门，又包括公司外的运输单位？还是只包括公司自有的运输部门
公司	法人团体、商号、组织机构、合作伙伴	一家提供社会或经济服务的商业企业	对于大型企业，是否将其各个部门或子公司视为不同的公司？ 还是将它们都视为同一家公司
合同	订单、促销方案、协议、货物清单、发货单、装货单、采购单、政策、声明	与产品采购或产品生产相关的，包含产品列表、条件等细则的文档	交易与合同的不同之处是？ 交易与合同哪一个先发生

以下是对表 11.2 中各列的说明。

名称：指每个概念对应的最通用的说明。理想状态下，它是在企业范围内就某概念达成广泛一致认可的名称。在整个列表中各名称按字母顺序排列。

近义词：用来放置与该条目意思相近的各个别名。当某概念存在不只一个名称时，在近义词列表中罗列出全部名称，最终经讨论、确定一个被广泛接受的名称及其定义。在该列中还包含一些在特定行业中更具体、明确的词汇，或罗列出比概念更细节性的词汇。例如，上例中的订单就比合同这一概念显得更明确。

定义：指对每一则条目的简洁描述。给出的定义要求足够通用以至于便于用户根据自身情况进行调整，同时，还能提供足够的、有价值的细节性描述。

疑问：其中包含了一些对于精炼概念定义而具有一定价值的询问和评述，这部分内容可能引发激烈的讨论、辩论，通过回答概念包含什么，不包含什么，有助于得到关于概念定义的清晰表述，从而最终获得被广泛接受的概念定义。

概念列表这一简单的工具可以实现以下一些重要的目标。

在应用系统范围内获取高层次的概念列表。当完成这一概念清单之后，模型构造师及项目组的其他成员都将在应用范围内对涉及的各个概念具有足够清晰的认识。于是在开始建模时，已经掌握了所有概念，只需要为每个概念添加相应的关系，就可以完成整个概念模型的设计。

让整个项目团队摆脱困境。有的项目团队会直接从更细节性的属性入手进行数据建模，在这种情况下，很容易遗失一些关键概念或者一部分需求信息。从罗列各个属性开始进行应用系统分析，将极有可能得到的是一个有限的、不完整的需求视图。所以应该后退一步，使用概念列表来掌握完整的应用系统作用范围，获得广泛的、完整的、适当的概念视图。

方便实体及属性的命名和定义。如果在概念层获得了可靠的命名和定义，那么可使得在其他更细节化层次上的命名和定义变得更加容易。例如，根据概念“客户”的标准名称和适当的定义，可以方便地命名和定义出诸如“客户位置”和“客户协会”等实体，“客户姓氏”和“客户类别代码”等属性。

在项目团队与业务用户之间建立融洽的关系。对于整个项目团队而言，完成全部概念列表，可以作为数据建模过程中最为恰当的第 1 项任务。不仅因为这项任务的完成难度不大，而且还会获得丰厚的回报。在建立项目组成员之间，项目组与用户之间融洽关系的同时，还有助于每位项目参与者在高层次上掌握待开发应用系统的需求。

11.3　家族树

家族树是一种电子表格，用来在应用系统范围内获取信息源并对每个概念和属性做出关键性描述。信息源系统的数量越多，则家族树越有价值。如果待开发的应用程序属于数据集市的话，家族树的功效便更能体现。因为这一工具不仅可以获取数据仓库中现存的信息，还可以获取待开发应用系统所需的新的数据信息。

使用电子表格对信息源进行整理，要比单纯地使用需求分析文档进行信息验证和筛选要简单得多。电子表格是种非常清晰的信息源需求表示方法。即便已经就概念和属性进行了验证并达成一致的观点，家族树依然可以成为十分有用的参考工具。在应用程序开发过程中，或者在系统交付使用之后，人们依然可以借助家族树进行参考。

以下是对电子表格各列的说明。

Name（名称）：该列存放应用系统范围内涉及的所有概念或属性的名称。如果某个概念或属性被排除在该文档之外，那么它们将不会出现在对应的数据模型中。在电子表格中的“来自”和“去向”部分都需要对名称进行指定，因为可能会出现多种不同的名称。例如，表 11.3 中，商品位于“来自”一侧，而产品位于“去向”一侧。

Source（信息源）：该列存储的是为每个概念或属性提供数据来源的应用程序的名称。需要注意的是：数据源不单单局限于数据库，还可以是文件或电子表格。此时，有一个非常重要的问题需要被解答，即“应该向上溯源到哪里来获得信息源？”也就是说，是否应该列出所有的数据，以达到用户输入信息的程度，或者只需列出直接数据。我个人的建议是根据概念或属性一直向上溯源，直到获得与概念、属性对应的可靠准确的数据源为止。如表 11.3 所示，对了获取“合伙人”，应该追溯至数据仓库，在那里“合伙人”被当作“伙伴”存储。

表 11.3 概念层家族树实例

来自				去向		
名称	信息源	定义	历史	名称	定义	历史
客户	客户参考数据库	产品的接收人和采购人	10	客户	产品的接收人和采购人	3
订单	订单登记	使用特定价格购买一定数量产品的协议	4	订单	使用特定价格购买一定数量产品的协议	3
商品	商品参考数据库	购买、出售、库存、运输、制造的任何物品。制造或购买的任何零件、材料、装配组件、产品	10	产品	出售的任何物品	3
伙伴	数据仓库	在某方面对业务产生重要作用的人或公司	5	合伙人	为公司提供特定服务或起到一定作用的，由公司雇佣的全职或兼职人员	3
时间	数据仓库	一段可测度的时间，如秒数、分钟数、小时数、天数、星期数、月数或年数。既可以按财政时间，又可以按Julian时间	10	日历	可测度的天数	3

Definition（定义）：与名称列类似，在该家族树中，可以为每个概念或属性给出多重定义。而且就某概念或属性而言，还存在某信息源系统中的定义与待开发应用系统中的定义略有不同的可能性。如表 11.3 所示，在“来自”栏中“商品”的定义明显比“去向”一栏中关于“产品”的定义要宽泛得多。

History（历史）：在信息源之后的历史列中记录了数据源保存该概念或属性信息的年数。幸运的是表 11.3 所示的例子满足了所有的历史要求。在“去向”一栏中列出的历史年限要求小于“来自”一栏中的可用数据源的历史记录。当然也有可能遇到一些困难，即需求的数据源历史年限要长于可用数据源的历史记录。所以应该在项目起始之初，首先与用户进行沟通，即便不满足历史需求，双方需要协商达成一致，随着时间的推移，将有可能最终达到历史要求。在项目进程中，花费大量时间之前，尽可能早地发现对历史数据年限的要求，避免严重问题的出现，有助于设定用户期望。历史列对于操作型应用而言是可选的，但对于智能业务应用系统则是强制性的。

家族树中还有可能包含一些其他类型的描述信息，特别是关于属性的一些信息。例如，可以包含属性长度、域等格式信息。

以下为家族树的实现目标。

获取每个概念或属性的信息源。家族树中记录了对于每个概念或属性起到传递、成型等作用的全部数据源。

工作量估算。在进行项目开发之前，可以非常准确地估算达到信息需求所需要的工作量，还可以评估出到底需要多少个信息源系统，以及每个信息源系统对于项目开发的影响。反之亦然，还可以估算出在应用系统中引入新数据需求所需的工作量。

对可能存在信息源问题进行早期诊断。假设用户需要 3 年的客户数据，并将该需求填写在家族树中，而数据源中只有一年的客户历史数据，那么应用家族树，可以在花费最少的分析时间的情况下，发现这一问题。实现对类似问题的早期发现，是这一工具带来的巨大利益，便于采取积极有效的措施解决数据源问题。

11.4 练习 11：建立模板

在你的组织内部，哪些人负责完成家族树？在项目开发过程中，该模板应该在什么阶段被完成？

当你完成后，请参看书后面的参考答案。

关 键 点

√ In-The-Know 模板用来获取对数据需求有所贡献和验证功能的人员及文档。

√ 概念列表罗列了对于业务非常重要的关键概念，而无需使用数据建模符号。

√ 家族树是一种用来在应用系统范围内，为每个概念或属性获取信息源或其他关键元数据的电子表格。

第 12 章 数据模型记分卡

现在就行动，不要拖延。
获得高质量数据模型，
晚上睡得更好。

在数据质量管理中经常容易被忽略的一个问题就是数据模型的质量。在项目开发过程中，我们经常以数据库设计为单一目标，而进行快速的数据模型构建。然而数据建模的意义却是深远、持久的。数据模型质量影响着数据结构的实现，影响着数据模型的适应能力，影响着数据的理解和交流，影响着数据质量规则的定义等，而且高质量的数据模型是构架健壮性应用系统的基础。相反地，低质量的数据模型将导致应用系统开发的失败。所以，需要一个客观的评测方法来判断数据模型的优劣。在对数百个数据模型进行研究之后，提出了一种称之为数据模型记分卡的方法。本章将简要介绍数据模型记分卡方法及其 10 个计分项。

关于数据模型记分卡的详细内容，请参看由本书作者所著的 *Data Model Scorecard: Applying the Industry Standard on Data Model Quality*。

12.1 理解数据模型记分卡

数据模型记分卡是一种积极、有效的数据模型质量评价方法。记分卡具有以下 4 个基本特征。

不仅会凸显需要改进的地方，而且还会强调可取之处。记分卡不仅可以指出需要进一步改进的不足之处，而且也会凸显出数据模型的可取之处，用以说明最佳的建模策略和方法。例如，图 12.1 所示为 HAL 应用系统的记分卡报告，其中列举了模型的优劣。第 25 条指出模型存在很好的抽象平衡，抽象中应用了诸如“Party”“Event”这种泛化的概念。第 125 条则指出模型需要改进的不足之处，即当代理键被使用时，备用键应该作为业务键或数据源标识被使用。

Data Model Scorecard review of HAL application
…
25. “There is a perfect balance of abstraction on the model because…”
…
125. “A surrogate key requires an alternate key. On this entity you might consider the alternate key to be…”

图 12.1 HAL 应用系统的记分卡部分示例

提供一个外部的、客观的视角。很多情况下，作为模型的审阅者，不便对同事的数据模型给予批评，以免影响团队和谐。应该提供一个外部的、客观的指标来说明模型的不足之处，记分卡则使用计分制和多项指标来客观评估模型质量。使用记分卡可以有效避免同事间相互批评指责的尴尬局面，避免在讨论过程中使用一些带感情色彩的指责性语句，如“我讨厌你所做的东西……”，借助记分卡可以表达为“记分卡推荐我们对模型做一点改进……”。我曾经参加过一次非常糟糕的数据模型评审（甚至有人离开会场哭泣），记分卡则能从评审中剥离掉大量的情感因素。

提供简单、直观的审查方法。利用记分卡，即便是一些新手也可以对他们自己的模型，或者同事的模型提出改进意见。根据本章所介绍的方法，即便从未参与过任何数据建模，也可能就某一模型给出一定的反馈建议。

如果是位经验丰富的数据模型分析师，也可以应用记分卡对数据建模思想进行组织。

支持所有类型的模型。记分卡被设计成一种适用于各种不同细节水平数据模型的评价方法，即对于概念模型、逻辑模型、物理模型的构建都有指导意义，而且同样支持对关系型、维度型和NoSQL模型的评价。

12.2 记分卡模板

表12.1所示为适用于各种模型评审者使用的记分卡模板。

表12.1 数据模型记分卡模板

编号	计 分 项	总分	模型得分	百分比	备注
1	模型对于项目需求的表达如何	15			
2	模型的完整性如何	15			
3	模型与其规划的匹配如何	10			
4	模型的结构健壮性如何	15			
5	模型的通用结构化设计如何	10			
6	模型中的标准化命名如何	5			
7	模型的可阅读性如何	5			
8	模型中的定义如何	10			
9	模型与企业数据模型的一致性如何	5			
10	元数据与数据的匹配情况如何	10			
	总分	100			

每个计分项的总分表示该计分项对整个模型的影响程度。最终由于希望得到一个百分比，所以各项总分累计为100。模型得分列为特定的模型评审结果。例如，如果模型的第1计分项（模型对于项目需求的表达如何）的得分为10，那么该分数应该被记录在本列。百分比列则存储了模型得分除以对应计分项总分的结果。例如，模型得分为10，而该计分项总分为15，

那么计算结果为 66%。备注列中记录关于模型得分的细节，以及修改模型可以采取的行动。备注栏中记录的简要性说明正是记分卡非常有益的关键所在。即便模型在某一计分项上不存在任何问题，仍然可以在备注栏中注明该项获得满分的原因。最后一行为模型总分，是各计分项得分求和的结果，该值反映出某特定评审对模型的总体评价。

12.3 记分卡简介

以下是对 10 个计分项的简要介绍。

1．**模型对于项目需求的表达如何？**应该确保模型表达了所有的项目需求。如果项目需求中要求能获取订单信息，那么应该在该计分项中检查模型是否可以获取订单信息。如果项目需求中要求能根据学期和专业统计出学生人数，那么应该在该计分项中检查模型是否支持该数据检索。

2．**模型的完整性如何？**完整性包含两层含义，需求完整性和元数据完整性。需求完整性意味着每个需求都出现在模型中（需要注意的是：这里并不检测每个需求是否被模型正确地表达，因为这是第 1 计分项的内容），同时还意味着数据模型仅仅包含着被需求的内容，而没有多余的、额外的东西。当然，在有些情况下，可以在模型中添加一些结构，因为预计这些结构会在不远的将来被使用。此时，应该对这部分内容格外关注，因为建模总是比最终的项目交付要简单得多，而且模型中包含从未被需求的内容也可能对整个项目产生影响。应该考虑到模型中引入的未来需求，如果始终不能被应用，所带来的成本问题。元数据完整性意味着围绕模型的一些描述性信息也是完备的。例如，在对物理数据模型进行评审时，就可以判断出模型对应的数据格式是否可以为空。

3．**模型与其规划的匹配如何？**应该确保模型类型（概念、逻辑、物理，还包括关系型、维度型、NoSQL 型）与模型类型的定义匹配。概念模型定义的是模型范围和业务需求。逻辑模型定义了与技术无关的业务解决方案。

物理模型定义了依赖于技术的技术性解决方案，其中强调了执行性能、安全性及开发工具的限制因素等。关系型数据模型关注的是业务规则。维度型数据模型关注的是业务问题。NoSQL 模型关注的是在文档或图示等非 RDBMS 技术条件下数据的存储问题。

4．**模型的结构健壮性如何？**该项用来验证建模使用的设计方法。假设我们都可以看懂简单的建筑设计图，而且有人将他家的建筑设计图与你分享。如果看到在厨房的中间画有卫生间，房间不带门，或者车库被画在阁楼里，相信你将轻易地发现这些缺陷。数据模型与数据库，类似于设计图纸与房子。应该留意数据模型上的任何结构性缺陷。例如，一个空的主键应该被改正。

5．**模型的通用结构化设计如何？**该计分项验证抽象技术使用的合理性。例如，将“顾客位置”抽象为更通用的概念“位置”，这样便于处理其他的位置信息，如仓库、分发中心，但是抽象的使用同样带来可读性下降，规则执行困难等代价。所以只有在模型灵活性比实用性更重要时，抽象才会被考虑使用，才更具实际意义。因此在数据仓库型数据模型中使用抽象的几率要高于分析型数据模型。

6．**模型中的标准化命名如何？**此项用来验证模型中是否使用了正确的、一致的标准化命名，考察命名是否符合标准化结构、命名表达及命名风格是否统一等。结构化意味着对实体、关系及属性使用不同的组件进行命名。例如，属性的命名组件可以是该属性的主体，如“Customer”或“Product”。命名表达意味着应该给予属性、实体适当的名字，包含适当的拼写、缩写。命名风格意味着命名外观应具有一致性、标准性，如大写命名、驼峰命名等。

7．**模型的可阅读性如何？**该项用来验证模型是否便于阅读。该项虽然是 10 个计分项中最重要的一个，但是如果模型的可阅读性较差，则会给记分卡中其他更重要的选项的解决带来困难。所以尽量做到将父实体置于子实体之上，将有联系的各实体放在一起，尽量缩短关系线长度等，这些都将提高整个模型的可阅读性。

8. **模型中的定义如何？**该项用来验证模型定义是否清晰、完整和正确。清晰意味着模型阅读者只需浏览定义一遍就可以理解其中的含义。完整意味着定义处于适当的细节水平，其中包含诸如出处、近义词、例外、示例等必要的组件。正确意味着定义完全符合该条目的含义，而且与整个业务相一致。

9. **模型与企业数据模型的一致性如何？**该项用来验证数据模型结构是否用宽泛、前后一致的上下文进行表述，即要求模型中使用的术语、规则同样可以在整个企业或组织范围内使用。理想状况下，可以将领域内的数据模型与企业数据模型进行比较。

10. **元数据与数据的匹配情况如何？**该项用来验证数据模型与将被存储在相应结构中的数据是否一致。例如，Customer_Last_Name 列中是否真正存放顾客的姓氏。数据类型的设计有助于减少两者不一致的情形，提高元数据与数据的匹配度。

12.4 记分卡示例

表12.2是根据最近的数据模型评审工作给出的一份记分卡报告示例。

表12.2 记分卡报告

编号	计 分 项	总分	模型得分	百分比	备注
1	模型对于项目需求的表达如何	15	14	93%	
2	模型的完整性如何	15	15	100%	
3	模型与其规划的匹配如何	10	10	100%	
4	模型的结构健壮性如何	15	10	66%	
5	模型的通用结构化设计如何	10	10	100%	
6	模型中的标准化命名如何	5	4	80%	

续表

编号	计 分 项	总分	模型得分	百分比	备注
7	模型的可阅读性如何	5	4	80%	
8	模型中的定义如何	10	9	90%	
9	模型与企业数据模型的一致性如何	5	5	100%	
10	元数据与数据的匹配情况如何	10	10	100%	
	总分	100	91		

示例模型获取的评审得分为91。拿出该模型评分分享的主要原因在于：91 分是我所参与的所有模型评审中得分最高的一次。我认为较低的得分将刺激进一步的改进行动。任何人都不愿意获得低分，通常得分较低之后会很快得到响应，模型有可能被迅速完善以便请求再次评审。例如，某位评审者指出建立的模型在定义范畴内所做的工作几乎为零，那么各种缺失的定义极有可能在短期内被补充。在评分环节采用严格的标准，将有助于最终获得高质量的数据模型，进一步得到高质量的应用系统。

需要注意的是：计分项 4 是强烈需要被改进的环节，并且计分项 6、7 也有需要被改善之处。伴随该记分卡，总共形成了 50 页的文档，用以说明各个得分的细节，模型中所有的不足之处和优点都使用完整的或具有代表性的示例予以说明。例如，计分项 4 丢失了一些分数，因为该模型缺失了一些备用键，在伴随的文档内，缺失备用键的所有实体均被罗列，同时还罗列出那些备用键选择不当的实体。

事实上，记分卡并非专用性技术，可以在任何项目中加以应用。我个人希望所有的组织都能使用该技术。以下是关于记分卡的一些参考资料。

Steve Hoberman & Associates，LLC 公司可以授予一个排他使用的序列号认证，便于使用记分卡达到模型改进的目的。公司名“Steve Hoberman & Associates，LLC”以及网站名“www.stevehoberman.com”要求必须出现在引用有记分卡的任何文档中。任何公司不能将记分卡使用权转给其他单位，也没有权利在公司业务之外的领域使用数据模型记分卡。

12.5 练习12：思考最具挑战性的记分卡得分项

在评分中，你认为哪一个记分卡得分项是最具挑战性的？

当你完成后，请参看书后面的参考答案。

关 键 点

√ 数据模型记分卡是一种积极、有效的数据模型质量评价方法。

√ 在数据建模初期使用记分卡可以有效降低返工几率，即便一些新手也可以对数据模型提出改进意见。

√ 记分卡并非专用性技术，可以在任何项目中加以应用。

第 13 章 如何高效地与其他人员一起工作

期望设置，

工作推进，实现预期，

加强关系。

致 Graeme Simsion：

Graeme Simsion 作为从业者、教师、研究者已经在数据建模领域工作了近 25 年，他的著作包括 *Data Modeling Essentials*（目前已经出版到第 3 版），以及 *Data Modeling Theory and Practice*。Graeme Simsion 致力于教学咨询和技能提升。借鉴 Graeme Simsion 作为企业 CEO 及 IT 顾问的成功经历，本章将分享他在期望设置、工作推进、实现预期等方面的经验。

13.1 认识人的问题

几年前，我曾经在一个数据建模高级培训班任教。在一次公开讨论中，我向参加学习的、已经富有经验的建模者提出了一个问题——工作中遇到最大的挑战是什么？他们中的绝大多数认为最大的挑战来自与团队成员的配合，如何向业务人员、技术人员讲解数据建模的意义，如何拉近与项目涉众的关系并有效地与涉众沟通，如何与数据库管理团队建立高效的工作关系。

但奇怪的是我的学员们并没有在处理上述问题中投入更多的时间和精力。在他们看来，这一问题是无法避免的，而数据模型建造师不可能防止该问题的出现，也不可能很好地解决该问题，他们更倾向于解决各种技术性难题。

本书持有的观点如下。

- 在建模过程中遇到的很多严重的挑战均来自于“人的”问题，如果愿意也可以将其称之为“政治”问题。
- 在处理过程中，可以设置纪律、条例来解决上述挑战，而不是依靠不确切的“人的能力”来解决挑战。
- 大部分建模师只需采用一些基本原理和做法，就能在很大程度上改善工作效率。

关于上述第 3 点提到的“基本”有必要加以说明。本章所介绍的“常识”，其实在诸如项目管理、心理学、销售和个人成长等书籍中都有更多细节性的说明。本书只是提出将这些“常识”置于数据建模的背景之下。而且，阅读、学习本章时，不要只是询问自己是否同意本书推荐的方法，而是应该在日常工作中真正地去尝试这些方法。即便大部分建模者在工作过程中，理解保持理智的重要性，但在压力或情感因素的驱使下，一些建模者还容易采取不理智的举动。

本章在逻辑组织上由 3 部分构成：期望设定、工作推进、实现目标。其中第 1 项是最重要的环节。因为就我的经历而言，无论是数据建模，还是建模之外的其他领域，期望设定的偏差，都是导致项目失败的最主要原因。

通过观察这些“软”挑战，我们将认识到数据建模师的工作内容并不仅仅是创建数据模型。数据建模师需要查阅现有模型，给出建模方法，评估建模工具等。在如此复杂的工作过程中，数据建模师更像是为客户提供服务的咨询顾问，而并非只是单纯的创建模型。在项目团队中，专家级数据建模师有别于其他成员，他们通常会设定更高的期望，作为咨询顾问他们同样会面临关系管理的挑战。

13.2 设定期望

只有让所有的涉众都理解并对期望设置达成共识，才有可能获得数据建模的成功。简单地说，如果不能及时总结之前项目失败的教训，而在匆忙中开始新项目的开发，将导致工作中缺乏适当的规范。事实上，在埋头于各种细节之前，有必要建立一个宏观规划，通过预设一些关键问题以及找到这些问题最适宜的解答者，从而建立一套规范。

13.2.1 理解项目背景

对项目背景的理解有时又被称之为“提出高级别问题”。我们为什么做这个？客户、项目管理者、项目发起人需要什么？需要交付什么才能实现目标？需要注意的是，对诸如上述有关项目背景的问题理解不清，解决不到位，是引起数据建模任务失败的最主要原因。

分享一个简单的例子。曾经有一个高水准团队被要求承担一项数据挖掘的工作，其工作内容为在一个关系型数据库上解析数据间的相关性。该项目团队中包括一位数据模型分析师承担数据库逆向工程的任务，还包括一位统计分析师来完成数据解析工作。经过初步分析之后，项目团队获得了数据相关性分析报告，但是客户始终不甚满意。所以，最终我也参与到该项目中，我首先向“难对付”的客户提出了一个问题：你们为什么要实施这项工作？他们答到：“因为一份公开报告批评了我们机构，所以我们希望从操作数据中找到可以反驳该批评的任何线索”。于是，我们花费了大约一小时认真研读了那份批评报告，并用彩笔勾画出那些可能被证实或被反驳的表述，最终数据挖掘团队花了一天的时间就解决了问题，并获得了客户的赞许。

在随后的总结中，数据挖掘团队指出客户并未解释所要实施工作的原因，团队从未听说过那份报告。事实上，那份工作根本不需要进行数据挖掘。我想大多数数据管理、分析人员更习惯从事一份任务明确的工作，从而应用专业技能获取职业满足感，而并不倾向于在工作之前询问那些非常关键的问题。

在项目级别的数据建模中，对于项目背景的理解是建立符合质量、成本、时间要求的模型的必要条件。涉众对于模型建造师的最经常的抱怨就是他们不切实际，而且总是花费太长时间。虽然我知道如何应对这些指责，而且我也应用了很多次，但不得不承认大部分情况下，涉众的抱怨确实存在。实际上，抱怨的根源在于项目背景问题，很多模型建造师过于关注模型本身的质量问题，而忽略了模型对于项目成功与否的影响。“手术成功，但病人却去世了”。

像其他专业人士一样，数据建模师同样希望建造高质量的模型。但是需要注意的是高质量并没有一个绝对的标准，而是应该与建造目的相一致。虽然对于质量低下模型所带来的不利后果，我们可能有比较清晰的认识，但我们并不十分清楚如何妥协、折衷（事实上，很多时候我们并不愿意妥协）以迎合工程项目的总体目标。如果一个项目要求严格的时间进度，那么如何按时交付就变得至关重要，而不是所谓的内在质量因素。而且还应该牢记数据建模不可能十全十美，与其他任何产品设计一样，数据模型总是可被无限改进的。一不小心就会掉入完美陷阱：在不断精炼模型，追求完美设计的时候，很可能已经超出了相应的回报。

即便在应用系统开发方面，关于数据建模的目的，数据建模师可能都会有清晰的理解，但在从事一些具有战略性质的工作时（比如，开发一整套的企业数据应用），数据建模师也不该想当然地做出任何决定。我经常看到在没有完全弄清企业数据模型将被如何使用的情况下，模型被创建出来，结果导致模型带有很多不必要的细节，或者模型使用了一些不熟悉的结构，使得企业投资开发的产品能立即投入使用的战略设想落空。但仍有一些支持者认为应该创建那种面面俱到的企业模型，他们认为只要能确定由谁负责创建细节模型以及如何创建细节模型，那么该模型就会被很好地应用。

牢记，不存在那种脱离了项目建设目的的高质量的数据模型。因为数据模型应该置身于整个项目背景之下，数据模型好坏的最终评判标准只能是它对整个项目成功的贡献程度。

13.2.2 确定项目涉众

下一小节将讨论如何设定期望的一些技术细节。但在此之前，必须首先明确要建立的到底是“谁的期望”。在咨询过程中，一个最常见的错误是只把某一个人或某个小团体当作客户，直到建模后期才发现其他涉众的需求并没有得到满足。以下列举了一些潜在的涉众以及很可能与他们相关的一些期望，相信这是一个非常有益的开始。

- 数据库设计人员是数据模型的最终使用者。很多时候，在没有和数据库管理员（DBA）进行认真研讨的情况下，数据模型却被创建出来，模型又恰恰在最后期限之后被提交，于是不断的争论便接踵而至，模型太过通用，模型很难理解，模型在执行上也存在障碍。只有在工作伊始，便通过设置、讨论、标准评估才能有效降低上述风险。
- 项目进程中的全体开发人员，包括业务分析员、过程设计者、程序员、测试员等。和数据库管理员一样，也需要了解他们对模型的期望。
- 在项目进程中，每个阶段性成果的使用者，如评审专家、数据库逆向工程师等。至少应该从每个团队的层面上，考虑谁将受到数据模型变化的影响。

- 项目经理和项目发起人需要为获取的工作成果或数据模型组件提供资本支持。显然，他们也会提出相应的模型期望。模型建造师应该向他们询问一些项目相关的问题，以了解他们的预期。比如，为什么要实现该项目？如何使用该项目？经费预算和时间要求是灵活的吗？项目被出色完成时，数据模型组件是否被当成有价值的额外工作？
- 领域主题专家关注的是各专家以及其下属的时间需求。
- 项目之外的技术性涉众可能会坚持某些标准。例如，指定开发工具或平台，又如作为法律合同的体现，外协人员必须满足采购部门的期望。
- 顾客经理通常作为模型建造师的直线经理，他们通常是核心数据建模或企业架构团队的负责人。他们也会有他们的议事日程和期望。通常，他们的工作符合企业标准，而且由他们起草或签署的各类文档需要被妥善保管。如果需要和外请专家一同工作，那么维系彼此的良好关系和声誉，对于进一步的工作开展也非常重要。

其实，上述关于各个涉众以及他们需求的表述并没有什么新意，真正的挑战源自行动，即如何在项目开展初期，就能弄清楚各个涉众的需求期望。在此过程中，还可以思考各个涉众在整个项目实施中的参与程度。管理上的变化可能引起的主要问题是设计人员通常会抵触强加给他们的设计理念上的改变，这样使得设计的实现变得困难起来。所以在项目开展初期，就让一些“难缠”的DBA进入项目组，或许是种有益的做法。

13.2.3 主要问题的咨询

在开展数据建模之前，应该充分了解所有涉众的各种期望，并识别、监测、记录在工作过程中可能的变化。我们的座右铭为“不要有惊奇”。

基于最终的交付以及采取的工作方式，以下列举了一些可以帮助我们梳理期望的问题。

最终的产品是什么样的？通常，客户对将要获得的、具体化的内容更容易理解和接受，而对于像架构、模型、策略，甚至是报表这样的词汇则显得概念不清。也不能指望客户对这些内容有同模型建造师一样的认识。所以，如果不能用之前类似的项目做演示，那么最好在项目的早期阶段开发一个雏形，在客户看到并认可具体的示例之前，模型建造师不可能有十足的把握理解客户的所有期望。对于报表，给出每个部分的标题大纲，并大体估算出报表页数，这种做法对于表明工作强度和深度也是非常有意义的。

涉众认为的成功是什么？有时出乎我们的意料，其答案可能和我们的理解截然不同，很可能和涉众直接表述的内容不符。有时，高级的管理者可能会来"提高""训练"一个团队，并审查团队的工作表现。该团队、成员或许会采取防御性立场，并以该团队视角中的"成功"为基础，证明目前所采取的方式、方法是无法再进行改善的。

由谁指导日常工作？客户只是关心最终的交付，还是想参与整个开发过程？其答案可能会影响经费的使用，需要修改报价、时间和物资。

谁将被授权接收最终交付？大多数情况下，一位或多位涉众将接收最终的交付。最好，确保知道他们是谁，并且尽可能多地让他们参与整个项目开发过程。这样可以保证在正常接收过程中没有太多意外。

纠纷会被如何解决？如果 DBA 拒绝接受我们的模型（希望在最后期限之前，已经创建了该模型），应该尽可能早地与 DBA 进行沟通并就解决方法达成一致。这样模型建造师可以胸有成竹地工作，一旦出现纠纷，也至少可以保证出现的纠纷并未超出预料。

以谁的名义署名最终的交付？作为顾问，强烈建议在模型建造师的协助下，由客户署名最终的交付。这样会使得交付过程更顺畅一些，被拒绝的概率会降低很多。

后续将有什么规定？特别地，如果需要客户为后续的工作承担一定的费用，最好在项目初期就与客户达成共识，而不要等到后期才去协商收费的问题。因为这样显得项目组更有责任心，尽可能早地安排后续工作，这也能确保后续工作安全顺利进行，并且更容易获得经费支持。

13.2.4 整理期望

作为项目计划的一部分，通常需要花费一周或两周的时间，将最初获取的各个期望整理成最终结果，该结果应该作为后续开发或整合工作详细计划的一部分。将初期获得的各个期望进行必要的改写或合并，形成一份文档是非常重要的。期望的获取最初都源于与客户间的交流和达成的口头协议，所以和客户之间的沟通应该至少保持到期望文档的形成。

还应该制定一份与客户座谈交流的计划。有时，一些关键人物出于各种原因不能出席座谈。这种情况下，客户最好能出具一份书面说明。

13.3 工作推进

当客户期望被获取、整理之后，接下来的主要工作就是去设法满足、实现客户期望。需要注意的是，这里提到的是“满足”，而不是听起来更悦耳的“超越”。通常，超越意味着需要在达成共识的基础上做得更多，而且应该有人要为此付出代价，如果项目组认为应该做得更多以创建出用户更容易接受的产品（这种情况时有发生），那么最好先与客户沟通，并将这部分额外的工作在项目计划中注明。如果客户对这部分额外的工作不感兴趣，那么需要向客户说明后果，最后必须以客户的意愿为准实施整个开发过程。

在工作过程中，还应该时刻注意客户期望的任何变化，并设法处理它们。本小节将介绍一些工作推进过程中的实践经验和处理一些问题的方法，特别是关于“人”问题。

13.3.1 可以遵循借鉴的实践方法

根据 Stephen Covey 所著的 *Seven Habits of Highly Effective People*，以下列举了利于工作推进的 7 个“习惯”或实践方法。

习惯 1：贴近客户工作。项目组经常需要决定在哪里开展工作：在客户提供的场所工作？在工作单位工作？还是在家工作？无论什么时候，只要有可能，都应该选择在客户提供的场所工作，即便这样做可能会带来一些不便。事实上，客户也希望可以时刻关注工作进程。客户可能会认为这样可以使得项目组更专注于手头的任务，项目组也会尽力保持良好的工作状态，与客户团队建立良好的工作关系，还可以经常与客户一道进行产品的测试。如果希望参与项目或者在最终交付产品上署名，那么贴近客户工作也使这一要求的实现变得容易起来。

习惯 2：与所有的涉众保持联络。应该尽量同所有涉众保持联络，特别是项目发起人和技术性采购员，确保他们的期望没有任何变化并得到满足。除非预先制定了明确的会晤安排，否则临近项目结束，一些被忽略的、并未直接参与项目指导工作的人员的出现，会给项目的完成带来很大麻烦。当然此时我们可以向项目发起人解释说：“我们已经实现了最初的设想，而且也愿意劝说设计人员进行重新设计”，但项目发起人或许会终止与我们的合作。

习惯 3：加强高层联系。保证项目成功的一个关键因素在于加强客户所在机构和项目承接方之间的高层联络（当然对等的部门之间也应如此）。换言之，项目组领导应该和客户领导保持联系。促进双方高层接触是我们的工作职责之一，通知领导哪天需要进行一次宴请或咖啡，不至于使得客户领导的电话显得突兀和尴尬。

习惯 4：组织真正的进展汇报会。组织有规律的项目进展汇报会的主要目的在于确认双方是否认可目前的工作状况，这样可以有效消除项目进程偏离预设轨道的风险。当客户抱怨说："这并不是我们期望的"，我们至少可以解释说："在上一次汇报会上，项目工作是符合要求的，并没有脱离轨迹，还好只是浪费了最近一周的时间"。当然组织这样的会晤并不简单，但至少它是可能实现的。

习惯 5：倾听。当询问其他咨询专家关于他们认为最重要的一条经验时，大多数专家给出的建议是沉静下来试图去倾听。当客户想进一步完善他们的计划或想法时，通常，作为专家、顾问往往倾向于去证明专家建议的合理性，高高在上，增加权威性。但一些销售人员经常告诉我，必须有足够的耐心，让客户表达自己的想法，因为没有交流就不会完成交易。所以，专家顾问向别人灌输一些想法时，也存在这种情况。

习惯 6：适时的中断工作。Stephen Covey 经常提到"磨利锯子"，这一说法源自一个伐木工人的故事。故事里伐木工人非常忙碌，他试图用伐木的办法来磨利他的锯子。显然为了提高工作效率需要适时的中断工作。相信如果每周工作 80 小时以上，那么很可能失去洞察力。当然可以选择不做任何休整（但是要确保所做的任何决定都是正确的），但是作为专业人员，得时刻关注工作情况的变化，并能提出合理化建议。专家顾问通常不会只在一个客户身上花费所有精力，过去的客户需要跟进，未来的客户做着准备工作，而当前的客户正在咨询。更重要的是适时的暂停工作，反思经历，哪些已经完成，哪些仍未完成，如何将现在所学融入到以后的咨询活动中等。

习惯 7：记录工作日志。当每天的咨询工作结束之后，我都会记录工作日志，包括工作时间、重要事件、反思。当高强度的工作结束后，这一做法有助于总结工作，支持习惯 6。有时客户可能会问"上个月你做了什么？"有时我也会问自己同样的问题，而日志则提供了可靠的答案。

13.3.2 处理困难——包括人的问题

问题的出现是不可避免的，技术性问题和人的问题，无论问题的性质如何，以下给出几个通用的原则可以被借鉴。

- **明确谁造成了问题的出现，至少知道由谁负责解决该问题**。如果由别人的工作造成的麻烦影响了你所承担的任务。此时，不应该将出现让问题压在自己身上，可以帮助寻找解决问题的方法并由责任人解决这一问题。
- **暂时停歇一下**。如果由你本人负责问题的解决，需要先了解问题所在，对问题进行反思，有必要调整出积极的心态，并暂时远离压力和低落的情绪。
- **正视问题并帮助其他人做同样的努力**。作为专家，通常被项目组赋予更多的期望，希望专家能更具专业性，排除情绪的干扰，始终保持冷静，杜绝冲昏头脑的恶语相加。需要多思考出现的问题对下一步工作的影响，并与其他人讨论下一步工作的开展。经过一两年的锤炼，再也不会因为类似的问题而辗转难眠。
- **寻求帮助**。向同行解释并寻求帮助，这样可能会比较容易地找到解决问题的方案。作为整个团队的核心成员，或者是一名咨询顾问，必要的时候可以同直接领导对出现的问题进行讨论。作为咨询经理，我经常告诉我的下属，顾问咨询活动中最大的失败往往源于不肯举手寻求帮助。
- **如果没有其他的证明，那么请假设其存在的合理性**。如果某人的行事风格不是你喜欢的那种，那么我们很容易把别人的行事风格定性为个性缺点。不幸的是，人们不大可能改变自己的个性。就个人经验而言，任何人在实现个人目标的过程中，他们的行为都有一定的合理性。如果你能了解他们的目的，就有可能弄清楚事情为何发生，或者换一个思路，可以问问自己“在什么情况下一个理智的人会这么做?”
- **了解自身的敏感性和脆弱性**。大部分人身上都存在一个可能被某人或某事触动的“按钮”。这里的口号是“了解自己”，这样我们会发现问题往往来源于自己（至少是部分的）。如果能了解自身属于哪种 Myers Briggs 类型，以及它所代表的含义，当冲动时，或许会赞同 Myers Briggs 模型的解释。例如，N 类型和 S 类型的人容易被一些琐碎小事激怒，类型 P 和 J 类型的人则更倾向于了解需求。

- **保持持续向前**。当某些问题出现时，人们很自然会找一些人来抱怨。但是强烈建议如果真的有必要进行抱怨，最好也等到问题解决之后。因为问题的解决应该总被置于优先地位，而且一旦问题得以解决，它所带来的实际影响便一目了然，取代之前那种对不明确后果的恐惧。
- **不使其扩大化**。确保在团队中出现的问题，尽量在团队内部得以解决。就像当举办一场家庭聚会时，我们不大可能向客人们抱怨烹饪过程遇到的种种麻烦。
- **从经验中学习**。当遇到的问题成为过去：已解决、被绕过或被忽略，我们应该至少召集另一个人，最好是你所在的团队，组织一次反思经验的会议。从错误中学到的教训往往是最难忘的。因此有必要充分利用成为过去的困难。

13.4 实现预期

大部分项目组成员都有过加班工作，尽量在规定时间内完成建模或汇报的任务，而且还可能就自己的工作成果会受到什么样的评价而紧张不安。成果汇报变成了一件大事儿：成果是否会被接受？客户是否会提出修改意见？或者客户会深吸一口气，然后徐徐说道：“很显然你做了大量的工作，但是……”

在一个完善的项目管理过程中，所有涉众都参与或者至少是伴随整个开发过程，直到最终的交付前的一小步骤，如果此时出现问题，那么该问题只能来自项目完成前的那一小步，当然这种情况实现起来难度很大。

事实上，我们可以采取一些措施以促成项目很好的完成。毫无疑问，这些工作需要渗透在项目开发的整个过程中，而不仅仅只是体现在收尾阶段。

如果能将项目开发过程中每个阶段结束的标记定为“移交”，而不是整个项目完成后的一次“签收”。那么，对于客户的疑问将从“我们需要做更多的工作进行完善吗？”变为“你认可本阶段的成果吗？”就实际情况和客户心理而言，第 2 个选项更容易得到肯定的答案。如果我们所做的工作都是在帮助客户开发，而不是为客户开发，那么认可度会被一天一天地累积，而不是等到最后的签收或交接。应该安排阶段性的评审替代简单的签收，让所有的涉众明白，一旦他们改变预期，将不得不付出经费和时间的代价。期望、需要被记录下来，然后被逐渐地实现、满足，而不是“砰”的一声，要交付的产品就做出来了。如果需要做出一点变化（特别是在建模过程中）或引入一些不为人熟知的概念，应该让涉众逐步接受我们的思想，而不是直接给出一份变化很大的结果，并且指望客户一下子全盘接收。

13.4.1 撰写报告

很多阶段性成果最终都是以文档报告的形式呈现的，但很多文档报告都存在更注重形式而忽视实质内容的问题。这得归咎于学校教育，因为如果想获得高分，我们的论文或作业需要表现出其困难性、独创性、文学价值以及知识性。但对于业务或技术报告，上述这些属性都不可取。特别地，报告中包含有读者已经知道的东西或者包含了太多与任务没有关联的内容。

最好能重新检查一遍涉众期望，并且用简洁明了的形式完成文档报告。在撰写报告之前，可以列一份单页的摘要，这样有助于抓住重点和把握结构，然后依据该提纲完成整个文档。无论哪类文档报告，都应该由摘要提纲和正文两部分构成，这样将便于涉众审阅以及在撰写过程中提出建议。

13.4.2 跟进

当完成一个任务之后，很容易将其置于脑后，而不再触碰。比如，模型已经完成并交付DBA使用，或者又接手了其他的任务，或者不愿意再提及刚完成的任务。尽管有很多理由去做其他的工作，但是仍然应该跟之前的客户保持联络。至少应该牢记项目的完成才是我们的最终目标，而不是仅仅完成一个数据模型，牢记项目背景的重要性。

还有其他的一些理由让我们保持正式的、约定的会晤，甚至是一些随机的、非正式的联络，如提供纠正错误、消除误解的机会，再如模型需要被修改，以处理被忽略的应用需求，又如实体的定义被曲解等。理想情况下，成果提交之后的评审应该由项目组领导会同主要客户一道完成，为我们的工作给出反馈意见，由此作为整个工作业绩的一部分。

通过监测工作成果被使用的情况，可以阶段性评估成果在整个项目背景下或整个机构内的使用价值，并为今后的工作吸取经验。战略性的工作很少能立刻见到回报，但我们有职业责任确保可以获取长期的收益。如果可以确保，那么以后遇到类似的项目也可以被高效完成，如果不能确保获得收益，我们则需要重新考虑实施方案。

还需要注意的是，当项目出了问题，其责任往往被归咎于那些已经离职的人。所以即便你已离职，那么也有必要与项目组保持联系，以免充当替罪羊。

13.4.3 不断完善

最后，不断完善、提高作为专家、顾问与其他人有效工作的能力。应该养成了一种观察你与其他专家互动的习惯，而且随时留意与医生、会计、财务顾问、旅行代理、服务人员的互动。发现哪些方法对于发表建议、交流沟通、解决问题是行之有效的，哪些方法是无效的。随后，思考如何让这些方法适应自身的工作。

13.5 练习 13：坚持日志记录

在一个月内坚持日志记录。和 Graeme 介绍的做法一样，在每天的工作之后，记录下一天的工作时间，记录主要事件并反思，还应该记录下一些与其他服务提供者之间的互动，其中有哪些行为可以被借鉴到自己的工作，哪些行为应该被避免。最后，证明日志是有益的吗？对于目前手头正在进行工作，你决定坚持日志记录吗？

关 键 点

√ 对于大多数模型建造师而言，工作中的最大挑战源于与其他人一道工作：向业务人员、技术人员解释数据建模的价值，接近项目涉众并与他们保持有效的交流沟通，与数据库管理团队建立高效的工作关系。

√ 通过期望设置、工作推进，实现预期加强与项目涉众的关系。

√ 数据建模的成功取决于设置一组被所有涉众理解、接受的期望。

√ 像其他专业人士一样，数据建模师同样希望建造高质量的模型。但是需要注意的是高质量并没有一个绝对的标准，而是应该与建造目的相一致。

√ 通过询问并解答各种关键性问题，有助于清晰项目期望。

第 5 部分

数据建模的进阶内容

第 5 部分介绍有关数据建模的一些进阶内容。第 14 章 Bill Inmon 介绍了非结构化数据。非结构化数据的处理受到越来越多业务处理的重视，所以应该对它有更多的认识，包括分类学和本体论。第 15 章 Michael Blaha 介绍了统一建模语言（UML）。第 16 章则是对本书的总结，其中解答了我在教学过程中遇到的 5 个最常见的疑问。

第 14 章 非结构化数据

文本、音乐、图片，

我的世界看起来凌乱不堪，

分类学，帮助我。

致 Bill Inmon

Bill Inmon 已经完成了 50 多本著作，其作品被翻译成 9 种语言。他被誉为数据仓库之父。本章 Bill 将介绍非结构化数据，以及分类学和本体论。

14.1 理解非结构化数据

多年以来，信息技术领域一直致力于对结构化信息的处理。结构化数据是一种可重复的数据，以下为一些结构化数据的形式。

- 银行活动
- 保险费支付
- 机票预订
- 订单处理
- 制造任务的完成等

在结构化处理过程中，相同的活动被一遍遍执行，从一个活动到另一个，唯一的差别在于一些特定数据的不同。比如，甲去银行兑现支票与乙去银行兑现支票，两个活动之间的差异仅仅是交易的时间、数额以及所影响的账户不同。

事实上，使用结构化数据，相同类型的活动可以被无限地一直重复下去。而且，标准的数据库管理系统是最佳的结构化数据的存储工具。一条数据库记录存储了某事件的信息，那么下一条记录则存储了另一个类似的事件信息。所有的方法论和学科都围绕着结构化数据被发展起来。但是，实际上还有另外一种非常重要的非结构化数据，例如，文本等非结构化数据。据估计，在公司业务中，非结构化数据是结构化数据数量的四到五倍之多。

文本等非结构化数据没有统一的模式，并且是非重复性的。电子邮件是一个简单的非结构化数据的示例，当某人在编写一个电子邮件时，没有过多的限制，邮件内容可短可长，也可以用英语、西班牙语，甚至斯瓦希里语撰写。电子邮件中甚至可以含有粗话。比如，邮件中的语句可以是完整的，也可以是不完整的，“thanks”可以被缩写成“thx”。私人邮件可以被写成任何一种想要的形式。显然，没有任何规则来限定邮件的编写。当然文本数据还有其他多种形式。

有趣的是公司中一些非常重要的信息都是以文本的形式存在的。而且记录公司重要信息的文本可以有上千种不同的形式。公司的任意决议过程都可以找到文本数据的身影。图 14.1 所示为两种截然不同的数据类型，结构化数据和非结构化数据。

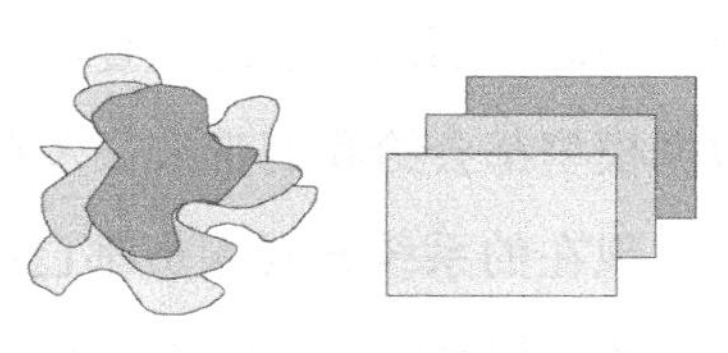

图 14.1 公司的两种数据

一个非常振奋的消息是现在可以使用一种技术将文本数据进行解读、整合、合并到标准关系型数据库中。于是非结构化数据可以被合并到企业决策处理过程。合并非结构化数据到企业决策的过程使用的是文本抽象技术。

14.2 数据模型与抽象

数据的系统化概念来自于数据建模的抽象。很长一段时间以来，系统开发人员使用数据建模来表达结构化数据。事实上，数据模型以及隐藏在数据模型之后的抽象，允许使用常规的方法，对大量不同类型的数据进行比较、分类和处理。图 14.2 表示数据模型可以作为真实世界和结构化数据间的桥梁。

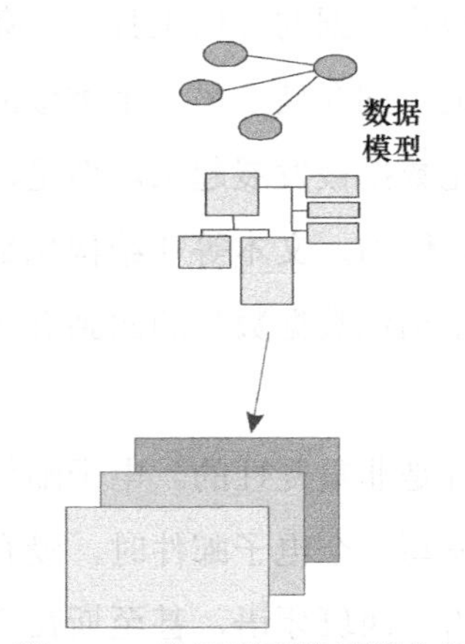

图 14.2 数据模型的桥梁作用

现实世界是被模型化的应用系统运行的环境。典型地，现实世界由诸如客户、产品、支付、订单、交易、出货等实体构成。确定数据模型是对现实世界的抽象，而现实世界又是判断模型正确与否的基础。准确的数据模型能更好地反映真实世界。

数据模型可以满足多种使用目的。数据模型对于交流沟通非常有用，可以在整个项目开发过程中协调不同的开发人员，还可以用于识别现实世界中不同方面的信息的重叠。总之，在应用的整个开发和交付使用过程中，数据模型都会给我们带来很多益处。

现在的系统开发人员都已经知道，在没有数据模型的指导下开发大型复杂的应用系统是非常不明智的。

14.3 不可变的非结构化数据

有一个基本假设，数据建模工程师进行数据建模，并依据模型进行应用系统开发。该假设意味着如果需要对模型进行修改，那么模型就可以做相应的改变，随后依据数据模型搭建的应用系统也需要做相应的变化。例如，如果政府决定增加邮政编码的长度，那么数据模型中邮政编码的长度和格式都为之变化，最后应用系统也得加以修改。大部分数据建模工程师认为关于数据模型的这种假设是理所当然的，即认为数据模型和应用系统是相互关联的。图 14.3 表示关于数据模型和应用系统间的假设。

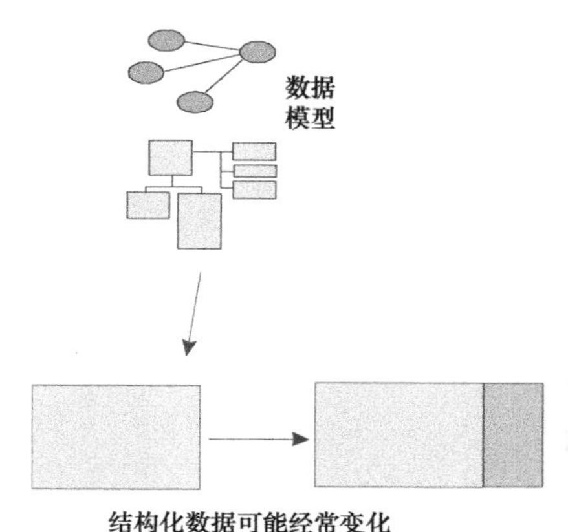

图 14.3　业务需求的改变将影响到数据模型

但涉及到非结构化数据时，上述假设便显得不切实际。不像结构化系统中的数据都是可变的，大部分文本都是不可变的。换言之，文本在被完成之后是不可改变的，很多情形可以验证这一说法。但有些情况，不能对文本进行修改是不通情理的。例如，银行未能发现贷款申请中的错误信息，那么银行需承担相应的法律责任，假设某人在申请表中提交的生日在 5000 年以前，事实上没有人能活这么久，那么银行有义务甄别这些不正确的信息。

大部分文本一旦被完成是不能被改变的。文本的这一特性与标准应用系统中的标准结构化数据截然不同。

14.4 理解分类学

对文本进行抽象的机制类似于数据模型中的分类。分类的最简单形式为罗列一些相关的词语，但现实世界中分类的形式多种多样，下面列举了一些简单的分类示例。

汽车

- 保时捷
- 福特
- 大众
- 本田
- 起亚等

州

- 德克萨斯州
- 新墨西哥州
- 亚利桑那州
- 犹他州
- 科罗拉多州等

游戏

- 足球
- 跳房子
- Tag（一种相互追逐的游戏）
- 篮球
- 曲棍球等

在这个最简单的分类形式中，分类只是对一些词汇进行了分门别类的放置。每个类别中的词汇都与分类类别的类型存在同一种关系，如图 14.4 所示。

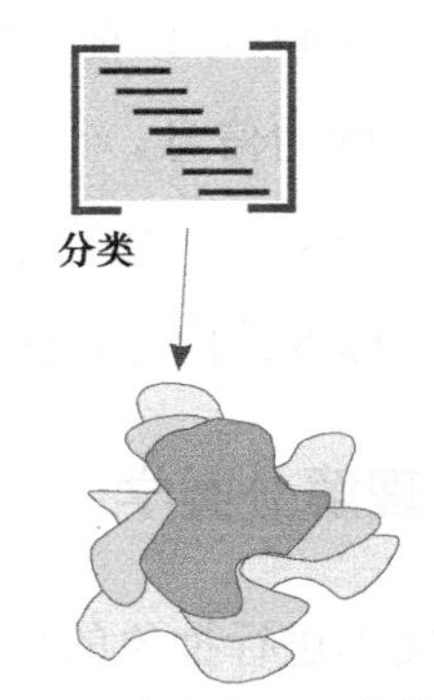

图 14.4 用分类处理非结构化数据中的文本

从文本入手，说明如何使用分类。以下为某文本示例。

一个年轻人喜欢驾驶他的保时捷疾

驰，每当超过福特时，他能感到一股肾上腺素上涌。但是，有一天他被一辆大众超越了，他感到难过至极，觉得自己的车也没什么了不起。之后的某天，当他看到一辆运动款本田时，他的内心翻腾不已。

当读者阅读上述文本时，可以立刻理解保时捷、福特、大众、本田的含义。但是计算机是不能理解这些专用名词的。如果使用分类技术来处理这段文本，那么不同类别的车辆便可以被识别。例如，使用汽车分类，这段文字可以转化为：

一个年轻人喜欢驾驶他的保时捷/汽车疾驰，每当超过福特/汽车时，他能感到一股肾上腺素上涌。但是，有一天他被一辆大众/汽车超越了，他感到难过至极，觉得自己的车也没什么了不起。之后的某天，当他看到一辆运动款本田汽车时，他的内心翻腾不已。

处理原始文本

通过分类的使用，原始文本可以被转换为在原始文本的基础上添加可以被计算机识别的类型标识。这样，计算机就可以标识出哪些是汽车，哪些不是。于是检索所有汽车的查询可以被执行，并返回福特、保时捷、大众、丰田等。

对原始文本进行分类处理所产生的价值是不可估量的，降低专有词汇的影响是其价值之一。当文本量较大时，文本中几乎不可避免地含有各种专有词汇。例如，在医疗领域至少存在 20 种不同的“骨折”的说法。如果应用分类，那么各种不同的骨折的说法都可以被同化成一个最常见的词语。一旦分类作用于原始文本，就可以在一定程度降低专有词汇的影响。

除此之外，应用分类处理原始文本还会带来其他的好处。

在很多方面，分类与文本的关系类似于数据模型与可以在结构化系统被检索的数据的关系。图 14.5 表示这种类比。观察图 14.6。

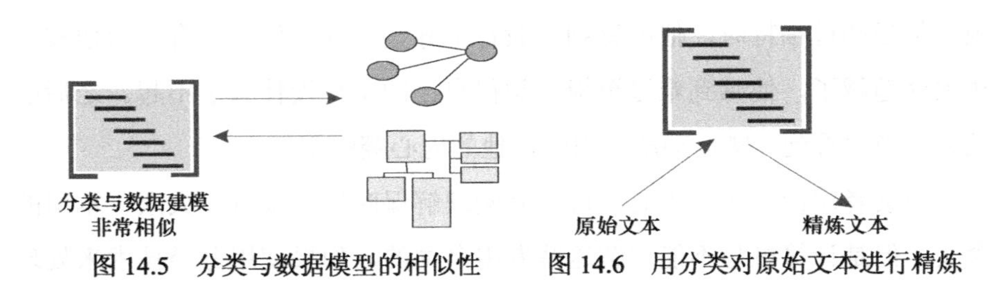

图 14.5 分类与数据模型的相似性　　图 14.6 用分类对原始文本进行精炼

存在多种不同的方法对原始文本进行分类。对原始文本进行分类的最简单方法是依次读取文本中的每一个词汇，试图发现所有出现在分类列表中的单词，一旦单词被命中，则对原始文本进行分类。正如上例所示，因为原始文本中包含专有名词“保时捷”，而且该词在分类列表被命中，所以使用分类进行处理，在“保时捷”后面添加类别标示“汽车”，这样处理后结果为“保时捷/汽车”。一旦所有的后缀被添加，计算机系统就可以完成检索所有汽车的操作。

需要注意的是上述方法存在明显的缺点，即执行效率低下。如果待处理原始文本中含有 N 个单词，而分类列表中含有 M 个单词，这样 NxM 次比较必须被执行。即使对于电子计算机，如此庞大的比较运算仍然是原始文本处理的巨大障碍。特别地，当分类类别较多时，原始文本的处理效率更值得关注。例如，在处理原始文本过程中，分类类别如下所示：

- 汽车；
- 加油站；
- 服务站；
- 汽车修理厂。

分类中的每一个单词都用来对原始文本进行处理。考虑执行效率 N×M，M 中包括了所有分类中的全部单词，如图 14.7 所示。

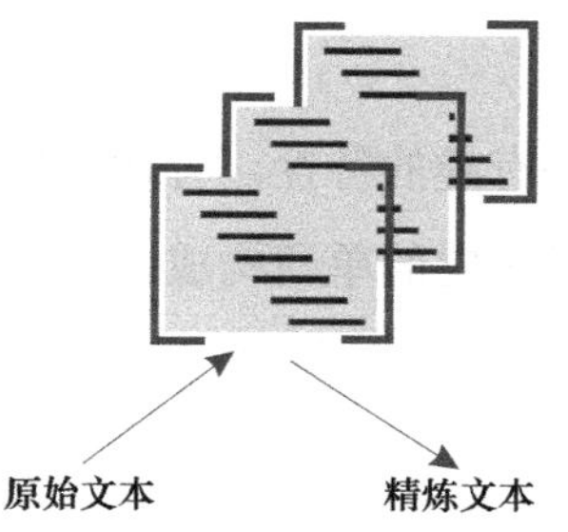

图 14.7 应用多个分类对文本进行处理

而且，还存在一个在处理原始文本过程中需要被考虑的重要因素。必须根据原始文本选择适当的分类。为了说明该因素考虑以下原始文本。

“福特总统驾驶一辆福特”

如果正被分析的原始文本是关于美国总统的，那么分析结果为：

“福特总统/38th 总统驾驶一辆福特”

但是如果被分析的原始文本是关于汽车的，那么应用分类进行处理之后的结果可能为：

“总统福特驾驶一辆福特/汽车”

根据原始文本分类的适当性，考虑以下示例。假设原始文本是关于深海捕鱼的，则一些可以被使用的分类为：

- 鱼的种类；
- 捕鱼方法；
- 世界海洋；
- 深海采油平台。

以下分类显然不会被应用于关于深海捕鱼的文本：

- Sarbanes Oxley 数据分类；
- 国家足球联盟球队；
- 100 大职业高尔夫球手；
- Ohio 流域的耕作方式。

分类的特性

分类本身就具有一些有趣的特性。有趣特性之一来自分类列表中的词汇。列表可以由一些少量选定的单词构成，也可以包含大量词汇。另外，还可以将用于分类的各个类别进行细分，如下列分类列表。

汽车

- 保时捷；
- 福特；
- 大众；
- 本田；
- 悍马；
- 吉普。

事实上，尽管被列举的的确是不同品牌的汽车（至少是汽车），但是车辆之间都存在着差别。保时捷可以被认为是一种运动型汽车，福特可以被认为是一种家用汽车，吉普可以被认为是一种越野型汽车。

当然车辆之间也存在其他差别。本田是一种日本汽车，大众是一种德国汽车，福特是一种美国汽车。

上例中的分类只反映出所列事物某一方面的特性。

处理原始文本所用分类的另一个特性为可以在一个分类中进行多层次分类组织，如下面的分类所示。

汽车

运动型汽车

- 保时捷；
- 法拉利。

越野型汽车

- 吉普；
- 悍马；

- 三菱。

家用型汽车

- 本田；
- 福特；
- 克莱斯勒。

分类层次不仅可以嵌套，而且在分类列表中还可以对事物从多个方面进行分类，甚至分类层次嵌套和多方面分类还可以存在于一个分类列表中。这样，很有可能出现递归关系。下面罗列的是递归关系分类的示例。

汽车

运动型汽车

- 保时捷；
- 法拉利。

越野型汽车

- 吉普；
- 悍马；
- 三菱；
- 保时捷。

家用型汽车

- 本田；
- 福特；
- 克莱斯勒。

在这个分类中，保时捷出现了两次，可以作为运动型汽车，因为闻名于世的是911系列，还可以作为越野车，由于卡宴系列产品，如图14.8所示。

图14.8 分类中的递归关系

递归关系本身就很有意思，而且当

出现递归关系时，更有意思的情况也可能出现。此时，需要采取特定的程序设计方法，一方面程序员需要特别留意，一不小心就有可能掉入复杂代码的陷阱（这种情况下，程序调试也非常困难），另一方面循环结构可能会被一直不停地执行下去（无限循环）。

随时间变化维护分类

另一个与分类相关且需要解决的问题是分类列表必须随时间的变化而不断更新。现实世界发生的改变，必须反映在相关的分类列表中。例如，1945 年会将本田纳入汽车分类列表吗？答案是“不会”。1990 年 George W. Bush 会被纳入美国总统列表吗？答案是“不会”。1950 年哈萨克斯坦会被纳入国家分类列表么？答案是“不会”。显然现实世界的改变，分类列表也应随之改变，也就是说分类列表应该被周期性地维护，如图 14.9 所示。

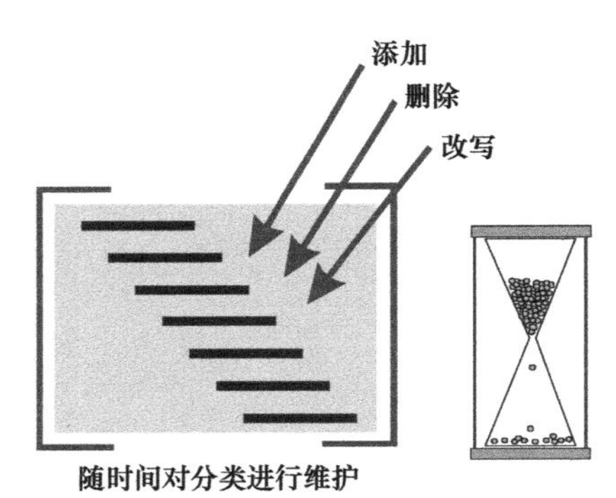

图 14.9 需要周期性维护分类列表

由于分类列表需求被周期性维护，随之引发另一个有意思的问题。假设原始文本已经被分类列表处理过，第 2 天分类列表就被更新。那么这是否意味着所有的文本都必须被新的分类列表重新处理一遍？还是仅仅用更新后的分类列表处理以后添加的新文本？

具体的处理方法依不同的实例而定，原始文本可能需要被重新处理，也可能不需要，并没有唯一的是非标准。

对于简单的分类列表的创建和使用我们已经非常清楚了。事实上，分类列表不仅仅可以由一个个单词构成，还可以由一些短语构成。以下是关于好莱坞的一个分类列表的示例，其中包含有一些短语，如图 14.10 所示。

go ahead, make my day (Clint Eastwood as Dirty Harry)

frankly my dear, I don't give a damn (Clark Gable in Gone With The Wind)

who are those guys (Paul Newman in Butch Cassidy And The Sundance Kid)

you couldn't handle the truth (Jack Nicholson in A Few Good Men)

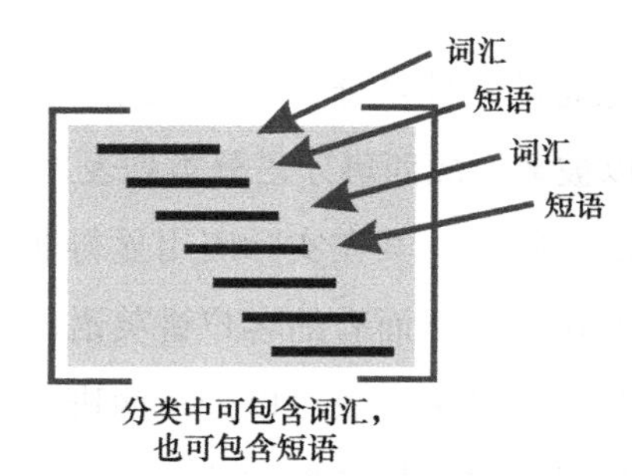

图 14.10　单词、短语都可以构成分类列表

分类溯源

分类列表是从哪里来的？事实上，分类列表是依据现实世界中形成的事物间的关系而选择的，是对现实世界进行归类的词汇列表。现实世界中包含商业、医疗、娱乐、幽默、宗教、政治、家族历史等。分类列表无处不在，不受限制。

有时，分类列表的获取是正式的。有时，分类列表的获取则是非正式的。有时，试图在某范畴内创建一个包含所有词汇和短语的分类列表。有时，只需针对某范围，创建一个具有代表性的词汇列表。

14.5 理解本体

分类具有多种不同的形式。本体与分类间存在一定的联系。在很多情况下，本体是分类的超集。本体中不仅含有与分类类似的词汇列表，还包含不同词汇间的相互关系，如图 14.11 所示。

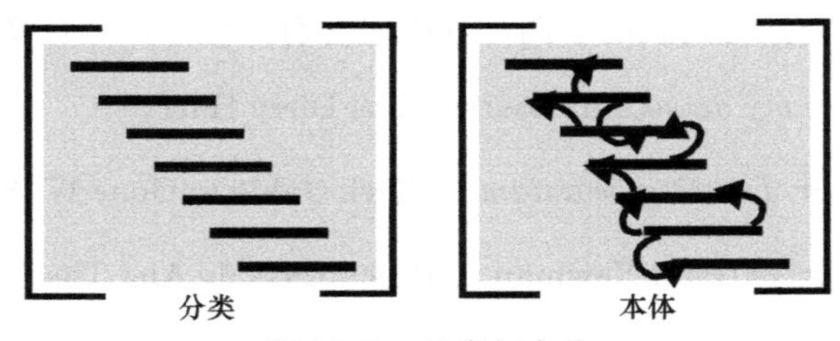

图 14.11 分类与本体

分类的另一个有意思的特性是分类是允许跨语言存在的。例如，用英语构造的分类列表可以被翻译成西班牙语分类列表，而不会损失任何信息。由于分类列表具备的这一特性，其在实际应用显得非常有用。例如，假设某机构中有的客户讲西班牙语，而有的客户讲英语。原始文本可以由两种语言撰写。西班牙语版本的分类列表可以处理西班牙语文本的分类问题，于是西班牙语分类的结果可以直接转换成英语。用这种方法，多种语言编写的原始文本可以很容易地进行分类处理。

14.6 练习 14：寻找分类

在你所在的机构内发现至少一种分类列表，该分类列表定义是否完善？是否适用于整个机构？请说明理由。

关 键 点

√ 结构化数据和非结构化数据是数据的两种基本形式。数据模型是结构化数据的抽象。非结构化数据与结构化数据的本质区别在于：结构化数据可以被改变，而非结构化数据则不可以。

√ 分类技术的使用可以实现非结构化数据的抽象。分类技术可以将原始的非结构化数据转变具有类别属性的文本。

√ 分类与非结构化数据的关系类似于数据模型与结构化数据的关系。

√ 分类是对文本进行抽象的基础。对文本进行抽象的价值体现在消除原始文本中的专业词汇，可以使用查询语言进行文本检索，还可以对非结构化数据进行组织。

√ 本体中不仅含有与分类类似的词汇列表，还包含不同词汇间的相互关系。

第 15 章 UML

掌握业务，

数据与处理的紧密联系，

请进入 UML 世界。

致 Michael Blaha

在过去的 15 年里，Michael Blaha 作为 IT 顾问和培训专家一直从事着有关数据库构思、架构、建模和设计的工作。Michael Blaha 还具有丰富的逆向数据库工程经验，并将其应用于产品评估和商业尽职调查。而且他还申请了 6 项美国专利，并编著有 5 本著作和大量论文。Michael Blaha 获得圣路易斯华盛顿大学理学博士学位，并就职于纽约 Schenectady GE 全球研究中心。最新出版的著作有 *Patterns of Data Modeling*，本章 Michael 将从数据库应用的角度探讨统一建模语言（UML），其中介绍了与数据库应用紧密相关的 UML 图。注意，本章提及的模型特指 UML 模型，而非数据模型。

15.1 理解 UML

UML 模型是对应用项目的抽象，便于更好地了解该应用。UML 模型不仅可以用于创建数据库，还可以对程序设计等方面产生指导作用。当然本章强调的是 UML 模型对于数据库的作用。UML 为应用项目实现提供了一张路线图，类似于建筑上用的设计图纸，而且在建设之前需要对图纸进行反复论证和修改。以下列举了根据 UML 实现应用项目的几个理由。

- **提高质量**：从底层着手提高应用程序的质量。美国计算机协会图灵奖获得者 Fred 在其著作中主张“系统设计中最重要的一环为概念的整合”。
- **降低开销**：确保尽可能多地将开发活动转向成本相对低廉的软件前端开发，避免花费巨大的软件调试和维护。
- **加速面市时间**：在概念设计阶段对困难的处理，要比在程序设计阶段和数据库阶段进行处理要容易得多。
- **更高的执行效率**：健壮的模型可以有效简化数据库调整。
- **改善交流沟通**：应用 UML 模型可以减少误解，在客户、设计者以及其他涉众之间容易达成共识。

UML 模型不仅有助于应用系统开发，还可以作用于软件采购环节。在评估供应商提供的众多系统优缺点之前，可以借助模型梳理需求，以及各种需求与应用模块间的对应关系。

UML 是一种图形化的软件开发建模工具，它可以跨越软件开发的整个生命周期，从概念化到分析，再到设计，最终到实现。

UML 源于 20 世纪 90 年代盛行的面向对象（Object Oriented，OO）程序设计方法。面向对象程序设计虽然非常普及，但标记方法和术语不统一，将系统开发人员割裂成多个阵营，并且容易引起误会。但事实上，各种方法之间在本质上并没有明显的差别。引入 UML 的目的在于屏蔽各个方法间的差异，标准化各个概念和标记方法，这样各类开发人员可以共享其模型，也可以在其他应用系统之上进行二次开发。UML 带来的另一个好处是使用单一的符号标记就能解决程序设计和数据设计两类问题。UML 提供的另一个更为精妙的好处是提供了能附加数据库功能的钩子机制——存储过程、引用完整性、触发器和视图。

UML 技术在对象管理组织（Object Management Group，OMG）的支持下，已经经历了多年的发展（www.omg.org），但其最初的形成受 Grady Booch，James Rumbaugh 和 Ivar Jacobson 的影响，随着时间的推移，先后出现过几十位突出贡献的学者。UML 的当前版本为 2.0。

需要注意的是 UML 以标准化概念和表示法为目的，但 UML 并不直接解决软件开发过程的问题。如果有兴趣，可以查阅有关应用 UML 技术进行软件开发的著作。

- 类图：其中包括类、关系和泛化，可以指定数据结构。
- 对象图：展现了一组对象和对象间的关系以及数据结构示例。
- 用例图：从终端用户的角度出发指定软件的高层次功能，同时标记各个功能的参与者。
- 状态图：关注状态以及可以引起状态转换的事件，描述的是事物离散的、短暂性行为。
- 活动图：描述了独立功能模块的工作流。
- 顺序图：展示了哪些对象以什么样的顺序，进行何种交互的过程。

UML 技术也受到广大程序员的欢迎，并且在程序代码的编写过程中得到广泛的使用。

但在数据库领域，人们对 UML 的态度却是毁誉参半。很多数据库设计者知道 UML，但并不使用。因为 UML 强调了标准化过程，而忽略了数据库，并且其中使用了大量关于程序设计的术语，所以失掉了许多数据库设计者。但具有讽刺意味的是程序设计术语相对肤浅，而且实际上 UML 提供了大量数据库应用开发支持。本章将着重讨论这方面的内容。

UML 的一个突出优势在于其提供了多种图形表示方法。对于通用软件开发，UML 可能提供了所有的图形方法。但是对于一些专用软件的开发，UML 不一定完全胜任这方面的工作，希望引入其他类型的图形表示方法。

UML 的缺点也恰恰因为 UML 提供了多种图形表示方法。但需要注意的是无须使用所有的UML模型，往往只需使用对你所做的工作有帮助的一种。其中使用最广泛的是UML类模型。当然有时也会用到用例图、状态图、活动图和顺序图。

15.2 建模输入

关注软件建模过程中的所有输入是非常重要的。特别地，应该扩展信息的搜索，而不要仅仅局限于用例。用例虽然非常重要，但并不是信息的唯一来源。训练有素的开发者应该具备一定的适应性，而且可以从所有可用的信息源中收集更多需求，需求来源包括以下几种。

- **用例**：很多业务人员认为使用用例有助于明确用户需求。
- **业务文档**：商务论证、屏幕原型、案例报告等文档通常在项目开发之前就已经完成，可以根据这些文档提出很多问题来明确用户需求。
- **用户会晤**：项目开发者可以向业务专员咨询很多问题，以确保不错失任何环节，并确保每个环节的清晰化。
- **技术评审**：其他技术人员以及项目经理也可能对模型提出一些修改意见，因为他们可能具有类似的软件开发或业务处理经验。
- **相关的应用**：需要被替换掉的旧的应用系统也应该受到关注，无论是要被保留的部分，还是新系统重复的部分，都应该受到关注。
- **标准模型**：一些标准化组织可能已经为某些类型的应用提供有标准化模型。例如，OMG发布了一款通用数据仓库模型，用来标准化数据仓库中的数据交换。

15.3 建模输出

建模输出包括一些设计图，当然只有图是不充分的。在准备应用系统模型前，还应该提交以下资料。

- **图**：图应该严格遵循需求分析结果，这样才能保证所有的图可以被完全理解，并遵照设计图进行后续开发。
- **解释**：有时需要绘制带解释性文字的图形表示。特别地，交付的模型由一些专用建模工具生成，随之还可能生成数据字典，并附以模型主要元素的定义等。
- **数据库结构**：使用 Blaha 2005 年制定的一套明确的规则，可以将 UML 模型转变成数据库模式。
- **数据转换**：有时旧应用系统或其他相关应用系统的数据可以移植进新应用系统。例如，可以将顾客列表移植进一个新的市场应用系统。

15.4 理解 UML 类模型

UML 类模型描述了数据结构——类以及类间的联系，类模型中涉及的主要概念有类、联系和泛化。图 15.1 所示为一个简单的类模型，首先会介绍该模型的含义，之后解释 UML 的构造，将会发现 UML 类模型与数据模型非常接近。

如图 15.1 所示，一位 Customer（乘客）可以拥有多个 FrequnetFlyer Account（常客飞行积分账户），对于一个 Airline（航空公司），通常一位乘客只能有一个账户对应于该指定的航空公司。每一个常客飞行积分账户只能有唯一的账户编号。

每个账户所拥有的 totalCreditMiles（信用英里数）都可以由一些基本 Activity（活动）和 Redemption（兑换）计算。其中还包含总信用里程数的计算日期 milesDate 以及日程失效日期 milesExpirationDate。在有足够活动和兑现的情况下，航空公司将延长失效日期。账户还可以升级信用以满足升舱国内旅行 domesticUpgradeCredits，还可以在系统范围内被升级为国际旅行账户 systemwideUpgradeCredits。常客飞行积分账户持有人可以通过兑换已消费里程而赢取信用积分。

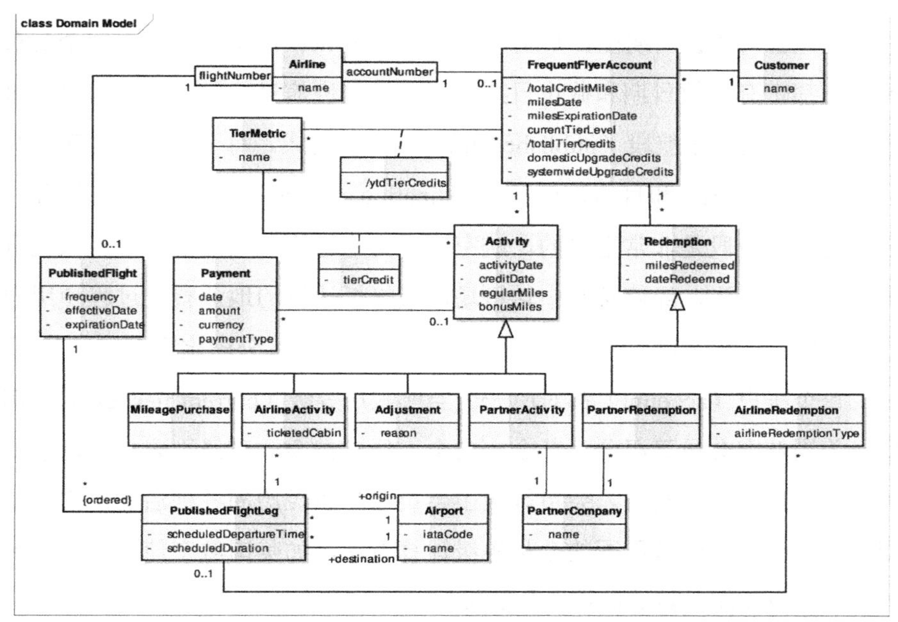

图 15.1　类模型示例

UML 类图中还包含多个 activity（活动），其中 mileage purchase 指用户可以购买飞行信用里程。Airline activity 指航空公司根据乘客的航空旅行，为已注册的常客飞行积分账户返回一定的信用里程。根据用户购买的不同种类的机票以及航空公司在不同时段推出的不同的促销规则，用户获取不同的信用积分。但如何计算信用积分已经超出了该 UML 模型的作用范围。adjustment 用于错误调整或者表示在某些特殊情况下为用户进行信用积分补偿，例如，天气、机械故障等原因给旅客带来的不便。Partner activity 对于常客飞行积分账户也是非常重要的一项活动，航空公司将会员账户推广到各个合作伙伴，如汽车租赁、宾馆、信用卡公司等，会员可以在各个合作伙伴消费并允许使用航空积分进行支付。

类似地，UML 类图中还包含多种 redemption（兑换）。通过积分兑换活动，用户可能免费获取机票或进行免费升舱，还有一些兑换活动则由航空公司合作伙伴执行，会员可能获得免费汽车租赁或获得免费商品。

航空公司还会周期性公布航班信息（published flights），对于每个公布的航班都带有有效日期和截止日期。公布的航班信息还包括航段信息，每趟航班可能由多个航段（published flight legs）组成。每个航段包含起始机场（origin airport）和目的地机场（destination airport）。在进行航班处理时，区分航班和航段是非常重要的。航空公司为每趟班机指定航班号，该航班由起始机场起飞，经停某些中转机场，最终抵达目的地。整个过程使用同一个航班号，旅客可以购买整段旅程，也可以只购买分段旅程。

每个账户（account）都对应一个当前账户等级（current tier level）。例如，美国航空会员等级分为黄金、白金、行政白金，高级别账户可以享受更多的补贴和飞行利益。会员等级由会员账户所经历的各种活动决定。不同的航空公司可能有不同的会员等级计算方法，如美国航空使用停泊机场数、里程数和航段数等计算会员等级。

15.4.1 类

对象（object）可以是一个概念、抽象或者对应用系统有一定价值的可以被标识的事物。类（class）用于对一组对象进行描述，它们具有相同的属性、操作、关系和语义意图。UML 中的类符号为一个矩形框，其类名标识在矩形框顶部。在图 15.1 中，Airline、Frequent Flyer Account 和 Activity 等都是类的示例。类与数据模型中的实体非常接近，但类相对更宽泛些，因为其中含有关于操作的描述。

类矩形框中的第 2 部分用来展示各属性名。属性是被命名了的类特性，用来存放类中每个对象的特征值。在图 15.1 中，Frequent Flyer Account 拥有 7 个属性，Airline 拥有一个属性，而 Mileage Purchase 没有属性。

在图 15.1 中，有些属性名前加有斜杠前缀（/），在 UML 中斜杠为衍生数据标记。例如，total Credit Miles 可以由参加的各类活动或兑换计算而得。尽管图 15.1 没有显示，但每一个属性都可以由一个数字指定实例中该属性可能的取值数。最常见选项有强制性单值[1]、可选性单值[0..1]及多值符号[*]。可能取值用来说明属性是强制性的，还是可选性的，即属性是否可以为空，同样，还可以用来说明属性取值单一，还是可以为一组值的集合。

类矩形框的第 3 部分在图 15.1 中并未显示，它用来显示类的操作。操作表示类对象可以执行的功能或过程。当 UML 类图用于程序设计时，操作则应用得更多。有时，即便对于数据库设计，也可能在 UML 类图中标示出操作，以表示数据库存储过程。例如，存储过程可以根据每一次 Activity 或者 Redemption 来自动更新 Frequent Flyer Account 的 total Credit Miles，数据库中还可以设置另一个存储过程用来检查 Frequent Flyer Account 是否有足够的信用里程来进行一次兑换活动。

15.4.2 联系

链接是对象间物理的、逻辑的关联。联系是相同结构、语义的一组链接的描述。链接关联相同类的对象，类描述一组潜在的对象。类似地，联系描述一组潜在的链接。UML 中对类之间联系使用线段进行标记（也可能是多条线段）。在图 15.1 中，Published Flight 和 Published Flight Leg 之间的线段即为一个联系。类似地，在 Published Flight Leg 和 Airport 之间存在用两条线段表示的联系。联系与数据模型中的关系非常相似。

二元联系具有两个端点，UML 还支持三元关联，甚至多元关联，即使这类联系很少出现，每个端点具有其名称和多重性（Multiplicity）。多重性指一个类的实例能够与另一个类的多少个实例相联系。UNL 中使用间隔法来表示多重性，最常用的多重性符号有“1”，“0..1”和“*”(表示多)。在图 15.1 中，对于一个 Published Flight Leg 具有一个起飞机场和一个目的地机场（origin 和 destination 为关联两个端点的名称）。一个 Airport 可以成为多个 Published Flight Leg 的起飞机场，同时也可以成为其他 Published Flight Leg 的目的地机场。

通常，被标记有“多”的一端的对象之间并没有明确的顺序，可以将众多对象视为一个集合。有时，对象间存在明确的顺序，此时可以在联系中标记有“多”的那端写上{ordered}以表示这是一个有序集合。在图 15.1 中，Published Flight Legs 对于 Published Flight 是有序的。例如，某航班由 St. Louis 起飞，经停 Chicago，最后抵达 Buffalo。

关联类既是一个联系，又是一个类。类似于联系的链接，关联类的实例源于某些组件类的实例。与类一样，关联类中可以拥有属性、操作和参与的联系。UML 中关联类用矩形框表示，而与之关联的联系则用虚线表示。图 15.1 具有两个关联类，一个介于 Frequent Flyer Account 和 Tier Metric 之间，另一个介于 Tier Metric 和 Activity 之间，这两个关联类都拥有一个属性。关联类类似于用于解决多对多关系的关联性实体。

受限关联指的是在关联内添加了称之为限定符的属性，用来完全或部分地消除“多”这一端类的对象的歧义性。限定符从目标对象中选取，有效降低多重性，用来区分关联“多”端的对象集合。UML 中受限关联的标记为一个小矩形框，该框被置于与“多”端类相连的关系线的末端，源类加上限定符构成目标类。图 15.1 中含有两个受限关联，对于特定的航空公司 Frequent Flyer Account 的 account Number 是唯一的。类似地，对于给定的航空公司其 Published Flight 的 flight Number 是唯一的。使用数据建模术语可解释为：Airline 主键+account Number 是 Frequent Flyer Account 的唯一键，Airline 主键+flight Number 则是 Published Flight 的唯一键。

聚合是一种强关联关系，表示一个整合的对象由多个组件构成。聚合最显著的特征有：传递性（如 A 是 B 的组件，B 又是 C 的组件，那 A 也是 C 的组件）和反对称性（如果 A 是 B 的组件，则 B 一定不是 A 的组件）。图 15.1 并未展示聚合关系。

组合是一种特殊的聚合关系，在聚合的基础上添加了约束。一个构成组件最多只能属于一个集合体。图 15.1 并未展示组合关系。

15.4.3 泛化

泛化是存在于一个超类和其一个或多个变化类（子类）间的关系。泛化通过相似性、差异性对各类进行组织，并结构化对象的描述。超类拥有共同的属性、操作和关联。子类在父类的基础上添加特定的属性、操作和关联。UML 中用指向超类的空心箭头表示泛化。上述概念类似于数据建模中的超类型和子类型。

图 15.1 含有两个泛化，其中一个泛化拥有超类 Activity 和子类 Mileage Purchase、Airline Activity、Adjustment 和 Partner Activity。另一个泛化拥有超类 Redemption 和子类 Partner Redemption 和 Airline Redemption。

15.5 用例模型

UML 用例是模型根据参与者，以及他们在现实世界中的行为进行的功能性描述。用例着重关注软件系统如何与参与者进行交互。

15.5.1 参与者

参与者是系统外部的直接使用者。参与者包括用户、外部设备、其他软件系统。一个类可以绑定多个参与者，只要该类具有多种行为。如图 15.2 所示，UML 中的参与者用简笔小人表示，并为每个参与者命名。图 15.2 不仅展示了几个参与者的示例，而且还表示了参与者的泛化。Agent 可以是 Computer Agent 或 Human Agent。图 15.3 显示了图 15.2 中的 3 个参与者。

15.5.2 用例

用例表示参与者与系统的交互，用例与参与者使用的系统提供的某功能相联系。用例强调的是外部视角下的系统功能，并非功能实现的具体细节。UML 中用例用带命名的椭圆表示，用例与其相关的参与者之间用实线连接。图 15.2 所示为航空常客示例中的参与者。

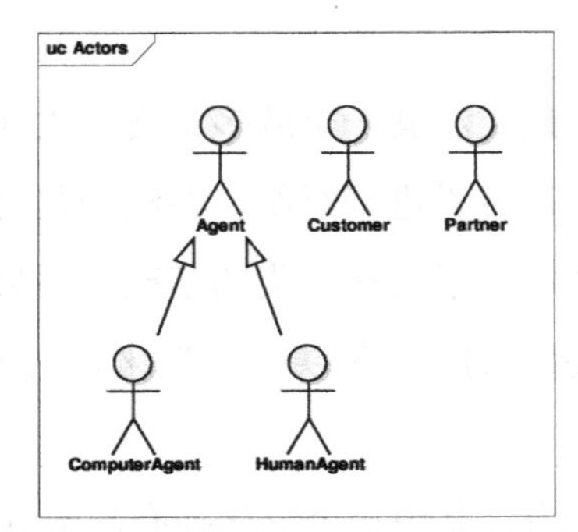

图 15.2 航空常客示例中的参与者

- **Agent**：代理参与用例，如开通、注销账户。应该将代理人和机器代理加以区分，因为他们具有不同的功能性，这个区分可能对航空公司业务非常重要。
- **Customer**：乘客是最明显不过的参与者，整个航空常客系统的构造目的就是为乘客提供服务。
- **Partner**：合作伙伴公司作为系统外部实体同样与航空常客系统进行交互。

考虑航空公司是否也是系统的参与者。好像航空公司的功能由隶属于航空公司的各个代理实现。在添加一些新的用例时，得认真审视这一决定。可能存在其他图 15.2 未显示的参与者，可以通过思考系统使用方案，并留意可能与系统交互的那些高级别的外部实现，以发现其他参与者。图 15.3 为常客系统中的 6 个用例。

- **账户开通**：为乘客创建一个新的航空常客账户，确保该乘客之前没有开通此类账户。初始化信用积分里程和信用等级，如果在创建新账户时，有促销活动，那么进行必要的调整以适应促销。
- **账户注销**：为航空常客账户设置未激活标志（该标志应该添加进类模型），并记录当前日期。再经过一段时间以后，消除该航空常客账户和与该账户相关的一切活动和兑换。这种分两步实施的方法有利于在乘客改变主意或系统错误时，回滚数据。

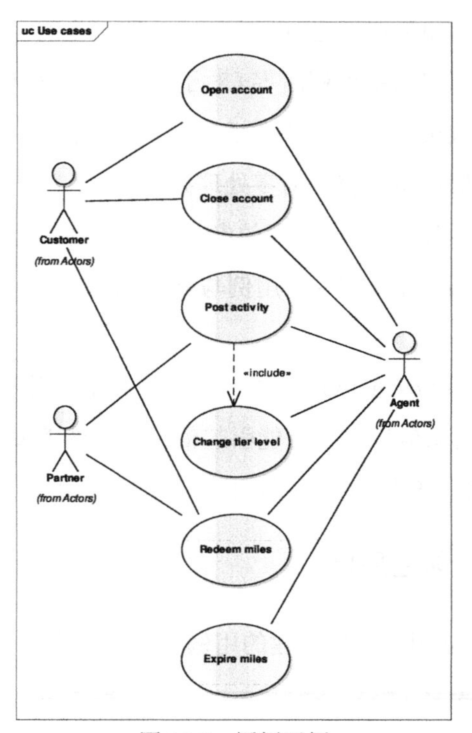

图 15.3 用例示例

- **提交活动信息**：为航空常客账户处理一项新的活动，并将其参与的活动信息添加进数据库，并更新信用积分里程、里程日期、里程失效日期和会员信用等级。如果会员信用等级满足升级条件，则需调用等级修改用例（或者定期扫描所有的账户，对满足升级条件的所有账户统一进行升级）。
- **更改信用等级**：量度信用升级信息，当参加活动充足时，提升用户信用等级。根据已有的活动记录，如果发现某用户活动不足以支持当前用户等级，则进行等级降低。

- **里程兑换**：兑换用户所要求的奖励，并在航空常客账户中进行登记。兑换时，需要确信账户有足够的信用里程来置换要求的奖励。
- **里程失效**：如果在规定时间期限内，账户没有参与任何活动，则提交并执行用户信用里程清零（对于时间期限每个航空公司可能有各自的业务政策，如美国航空规定如果乘客在 18 个月内未参与任何活动，其信用里程将做清零处理）。

需要注意的是用例可能由不同的参与者组合进行交互。示例中，所有的用例都与 Agent 交互，只有两个用例与 Partner 交互，3 个用例与 Customer 交互。

活动信息提交（Post activity）用例包括更改信用等级用例（Change tier level），即当提交活动信息时有可能引起信用等级的改变。包括（include）是用例关系的示例，图中用箭头和带标注的虚线表示。

15.6 练习 15：创建用例

寻找机会，建立用例。所创建的用例是完成需求分析所必需的吗？

关 键 点

√ UML 模型是对应用项目的抽象，便于更好地了解该应用。对于数据库建模，最重要的两个 UML 模型分别为类模型和用例模型。

√ UML 类模型描述了数据结构——类以及类间的联系，类模型中涉及的主要概念有类、联系和泛化。

√ 对象（object）可以是一个概念、抽象或者对应用系统有一定价值的可以被标识的事物。类（Class）用于对一组对象进行描述，它们具有相同的属性、操作、关系和语义意图。属性是被命名了的类特性，用来存放类中每个对象的特征值。操作表示类对象可以执行的功能或过程。

√ 链接是对象间物理的和逻辑的关联。联系是相同结构、语义的一组链接的描述。

√ UML 用例模型是根据参与者，以及他们在现实世界中的行为所进行的功能性描述。参与者是系统外部的直接使用者。

第 16 章 数据建模常见的 5 个问题

行业众多，

但是挑战相近，

学习一次，不断应用。

本章介绍了多年以来，在数据建模培训过程中被最常问及的 5 个问题。如果还有其他疑问，可以发送至 me@stevehoberman.com。

16.1 元数据

在没有认真思考何为元数据之前，大部分 IT 技术人员在被问及什么是元数据时，他们可能给出的答案是“关于数据的数据”。但是，这是一个不恰当的定义。第 12 章数据模型记分卡曾经讨论过如何定义，一个好的定义应该是清晰的、完整的和正确的。尽管“关于数据的数据”是正确的，但不够清晰和完整。不清晰是因为业务人员希望了解元数据的含义，但从未遇到一个人对上述定义的回应是“啊，我明白了”。上述定义也是不完整的，因为它根本没有说明元数据与数据的差异。所以应该为“元数据”给出一个更恰当的定义。

在针对国际数据管理协会和一些用户群进行的一次演讲中，我们共同商议并提出了以下关于元数据的定义。

元数据是一个文本、声音或图像，用来描述“用户”需要什么，或者用来描述“用户”需要观看或体验什么。这里的“用户”可以是人、组织或软件程序。元数据的重要性在于它有助于明确、检索到真正的数据。

对于特定的下上文或用法，一些被认为是传统的数据可以转换成元数据。例如，搜索引擎允许用户输入关键字来检索网页，这些输入的关键字是传统意义上的数据，但是在搜索引擎这一特定应用环境下，关键字充当了元数据的角色，类似于某人既可能是员工，也可能是顾客。文本、声音或者图像也可能承担不同的角色，有时充当数据，有时充当元数据，取决于特定的主题或活动。

存在 6 种类型的元数据：业务（也称之为“语义”）、存储、处理、显示、项目和程序。

业务元数据如定义、标签及业务名称。存储元数据如数据库列名、格式信息和容积。处理元数据如源/目标映射、数据加载指标和转换逻辑。显示元数据如显示格式、屏幕色彩和屏幕类型（如平板 VS 笔记本）。项目元数据如功能需求、项目计划、每周进展报告。程序元数据如 Zachman 框架、DAMA-DMBOK 和文档命名标准。

16.2 如何量化逻辑数据模型的价值

逻辑数据模型描述的是独立技术实现的业务运转，并在其他开发工作之前各方面达成的共识。如果缺失逻辑数据建模，则不能对业务如何运转及系统提供哪些服务有足够的认识。当要修建一座房屋时，建筑师通常会以设计图纸为交流中介与户主进行沟通。设计图纸是房屋修建的业务解决方案，类似地，数据模型是应用系统的业务解决方案。如果不依据设计图纸修建房屋，那么在建造过程中会存在很多想当然，房主很可能不满意最终的建造。

很难对特定的逻辑数据模型的经济价值或其他量化指标进行评估，就像很难对设计图纸的经济价值进行量化一样。优秀的数据库设计或精准的设计图纸值多少钱？取代对逻辑数据模型进行量化评价，我们可以通过数据质量等指标来评价没有逻辑数据设计而造成的损失。很容易从互联网或报刊上找到一些关于信息缺失所引发的悲剧。记住这些故事，甚至记住由于数据质量降低给企业所造成的具体损失，或者记住那些因为高数据质量而带来节省资金和提高企业信誉的故事。

例如，一位资深数据管理专家 Ben Ettlinger，也是我的一位朋友，曾用一个实例说明数据质量、数据模型的重要性。在火星探测器设计过程中，由于一个技术团队使用了公制单位，而其他团队却使用的是英制计量单位，使得 NASA 蒙受了将近 1.25 亿美元的损失。逻辑数据模型可以消除或最小化数据质量问题所带来的损失。

16.3 XML 适用的应用领域

可扩展标记语言（XML）是使用人们可以识读的标签进行数据层次化组织的一种数据模型。人们以及软件应用系统都可以使用 XML 进行信息交换和共享。XML 与数据模型类似，都是非常有用的工具。XML 易于理解，具备技术独立性，而且使用简单的语法表示复杂的程序问题。概念数据模型有别于逻辑数据模型和物理数据模型。同样的道理，XML 也将数据内容与格式（如蓝色，Arial，15 号字体）规则区分开来。XML 规则通过 XML 架构实现，例如，文档类型定义（DTD）或 XML 模式文档（XSD）。XML 模式限定了 XML 文档中数据存在规则，类似于数据模型指定数据库结构中的数据存在规则。XML 数据内容按照 XML 文档格式显示，类似于数据模型的一个或多个实体实例。

图 16.1 所示包含了一个源自维基百科的 XML 文档示例。

```
<recipe name= "bread"  prep_time= "5 mins"  cook_time= "3 hours" >
  <title>Basic bread</title>
  <ingredient amount= "8"  unit= "cup" >Flour</ingredient>
  <ingredient amount= "10"  unit= "grams" >Yeast</ingredient>
  <ingredient amount= "4"  unit= "cup"  state= "warm" >Water</ingredient>
  <ingredient amount= "1"  unit= "teaspoon" >Salt</ingredient>
  <instructions>
    <step>Mix all ingredients together.</step>
    <step>Knead thoroughly.</step>
    <step>Cover with a cloth, and leave for one hour.</step>
    <step>Knead again.</step>
    <step>Place in a bread baking tin.</step>
    <step>Cover with a cloth, and leave for one hour.</step>
    <step>Bake at 180 degrees Celsius for 30 minutes.</step>
  </instructions>
</recipe>
```

图 16.1 XML 文档

形如<step>这样的表示被称之为“标签”，由一对标签括住的内容称为“值”。例如，标签对<title> 和 </title> 的值为“Basic bread”。

根据该 XML 文档的模式架构，可以了解一些其中的具体信息。例如，可以看到 Recipe 中包含若干 Ingredient，并且 Ingredient 中包含若干 Steps。由于 XML 基于层次结构，而且信息按单一方向组织，也就是说，Recipe 可以包含多个 Ingredient，但一个 Ingredient 可以属于多个 Recipe。我每月都会以邮件的形式向一些学员发送关于数据建模的最新案例或重难点的解决方法（读者可以在 www.stevehoberman.com 添加 email）。近期，向广大学员发送的邮件是关于 Norman Daoust 设计挑战的，其中引用了数据分析师、培训师关于 XML 的一则说明：“XML 文档只表示关系中‘1’端的基数，并不表示在关系两端上的基数”。

而且，在以上 XML 文档及其模式的基础上，还可以提出一些业务问题，并导出如图 16.2 所示的逻辑数据模型。表 16.1 所示则为模型实例化示例。

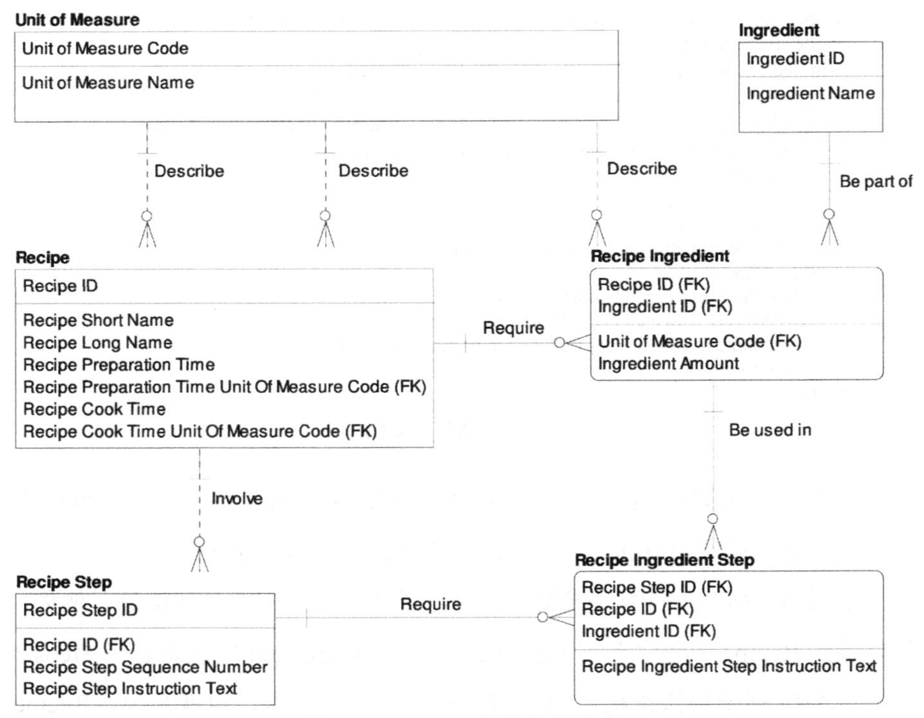

图 16.2　Recipe 逻辑数据模型

表 16.1　　　　Recipe 逻辑数据模型实例化示例

Recipe

Recipe Id	Recipe Short Name	Recipe Long Name	Recipe Preparation Time	Recipe Preparation Time Unit Of Measure Code	Recipe Cook Time	Recipe Cook Time Unit Of Measure Code
123	bread	Basic bread	5	01	3	02

Unit Of Measure

Unit of Measure Code	Unit Of Measure Name
01	Minute
02	Hour

续表

Unit of Measure Code	Unit Of Measure Name
03	Cup
04	Gram
05	Teaspoon

Ingredient

Ingredient Id	Ingredient Name
1	Flour
2	Yeast
3	Water
4	Slat

Recipe Ingredient

Recipe Id	Ingredient Id	Unit Of Measure Code	Ingredient Amount
123	1	03	8
123	2	04	10
123	3	03	4
123	4	05	1

Recipe Step

Recipe Step Id	Recipe Id	Recipe Step Sequence Number	Recipe Step Instruction Text
45	123	1	Mix all ingredients together.
46	123	2	Knead thoroughly.
47	123	3	Cover with a cloth, and leave for one hour.
48	123	4	Knead again.
49	123	5	Place in a bread baking tin.
50	123	6	Cover with a cloth, and leave for one hour.
51	123	7	Bake at 180 degrees Celsius for 30 minutes.

Recipe Ingredient Step 续表

Recipe Step Id	Recipe Id	Ingredient Id	Recipe Ingredient Step Instruction Text
45	123	1	
45	123	2	
45	123	3	
45	123	4	

实现逻辑数据模型之前，需要理清所有业务疑问，以下是一些疑问的示例。

- Recipe 可以具有多个长命名吗？
- Recipe Short Name 是 Recipe 的自然键吗？
- Ingredient Name 是 Ingredient 的自然键吗？
- 一个 Ingredient 可以属于多个 Recipe 吗？
- 一个 Recipe Step 可以使用多个 Recipe Ingredient 吗？

XML 在各个行业领域都有很广泛的应用。数据分析师以及模型建造师都可以使用 XML 去更好地理解业务运转并创建高精度的数据模型。特别地，在标准化建模领域，很多行业都遵循 XML 标准，如此一来，行业间便可以轻易地交易信息。例如，ePub，出版商可以使用 XML 标准进行出版信息交换。标准化工具的使用便于构建更准确的企业数据模型和更实用的软件应用系统，同时可以无障碍使用行业概念或规则。

16.4 敏捷开发的适用领域

敏捷意味着“快速”“熟练”。通常以快速、高品质软件交付为目的，进行应用系统敏捷开发。敏捷开发采用多个子项目迭代的方式逐步完成整个项目工程的开发。敏捷开发的支持者认为以项目迭代方式进行开发可以比传统的软件开发方式花费更短的时间来实现高品质软件系统。但反对者则认为敏捷开发关注的是软件开发的时间花销，但往往忽略企业视角下的宏观应用需求。本书不是一本关于敏捷开发利与弊的书，所以不做过多讨论。

有两个疑问需要解释，“在敏捷开发过程中是否需要传统意义上的数据模型？”“在敏捷开发中数据模型如何体现？”

第 1 个疑问的答案为在敏捷开发过程中，通常不存在数据模型或者只使用低品质的数据模型。我曾经承担了很多机构的在线培训课程，授课中使用过很多次敏捷开发方式，而且很少构建数据模型。因为敏捷开发更多地关注处理过程和原型，并不是数据快照和数据模型，从而加速软件开发。

第 2 个疑问“敏捷开发中数据模型如何体现？”的答案是与其他工程项目类似，数据建模就是发现业务需求，并将各种需求文档化的过程，数据建模需要询问大量问题，无论使用何种软件开发方法，仍然需要提及这些问题。

16.5 如何保持建模能力

即便不以传统数据建模师的身份出现，也应该把握每一个建模过程，积极参与数据分析和建模。在参与建模过程中，尝试多种不同的角色将更有助于建模水平的提高。例如，在从事数据建模工作多年之后，我决定尝试软件开发任务，作为开发者，我成为数据模型的使用者，将采用与建模者不同的视角审视模型。可以按下列问题审视模型。

- 如何使用抽取、转换、加载（ETL）工具，高效地填充模型结构？
- 一些对数据模型细微的修改是否可能简化开发难度，节省开发时间？
- 如何为报表尽可能快地实现数据提交？

建模中经常思考这些问题将帮助我们成为更务实的数据建模师。提升对物理数据模型的认识，再返回到概念、逻辑设计时，便可以预想出一些程序员可能会关注的物理模型问题。

也许听起来有点令人厌烦，但的确可以在生活中随处发现能够被建模的形式和文档。例如，在餐厅等待点餐的时候，可以尝试为菜单建立一个数据模型草案。又如，当查看处方药品上的标签时，我疑惑打印在标签上的那些多值字段之间是如何联系的，为了解决之一问题，还可以尝试着构思一个用于存储所有处方信息的数据模型。

其他一些优秀的图书、最新研究成果及其他一些有价值的网站，都被我罗列进推荐阅读部分。当然，还可以登录网站 www.stevehoberman.com，添加邮箱地址到设计挑战列表。每月一次，我都会将数据建模中一些疑难发送给设计挑战列表中的每一位会员。随后，整理每位会员的反馈，并由知名的出版商出版发行。

还有一些会议、课程和数据管理组织，让我们可以与整个数据建模、管理行业紧密联系起来。我还承担着为期 3 天的数据建模大师课程（www.stevehoberman.com/DataModeling MasterClass.pdf）。一年一度的数据建模地带（www.DataModelingZone.com）也是与整个数据建模领域保持联系的好方法。而且 DAMA（www.dama.org）也提供了丰富的资源和网络化交流、工作的机会。

推荐读物

图书

Adelman S., Moss L., Abai M. 2005. *Data Strategy*, Boston, MA: Addison-Wesley Publishing Company.

Blaha M., 2013. *UML Database Modeling Workbook*, New Jersey: Technics Publications, LLC.

DAMA International 2009. *Data Management Body of Knowledge (DAMADMBOK)*, New Jersey: Technics Publications, LLC.

Eckerson, W. 2012. *The Analytical Puzzle*, New Jersey: Technics Publications, LLC.

Hay, D. 2011. *Enterprise Model Patterns*, New Jersey: Technics Publications, LLC.

Hoberman, S. 2001. *The Data Modeler's Workbench*, New York: John Wiley & Sons, Inc.

Hoberman, S., Burbank, D., Bradley C. 2009, *Data Modeling for the Business*, New Jersey: Technics Publications, LLC.

Inmon W., 2011. *Building the Unstructured Data Warehouse*, New Jersey: Technics Publications, LLC.

Kent W., 2012. *Data and Reality 3rd Edition*, New Jersey: Technics

Publications, LLC.

Kimball R., Ross M., Thornthwaite W., Mundy J., Becker B. 2008. *The Data Warehouse Lifecycle Toolkit: Practical Techniques for Building Data Warehouse and Business Intelligence Systems*. Second Edition, New York: John Wiley & Sons, Inc.

Marco D., Jennings M. 2004. *Universal Metadata Models*, New York: John Wiley & Sons, Inc.

Maydanchik, A. 2007. *Data Quality Assessment*, New Jersey: Technics Publications, LLC.

Silverston, L. 2001. *The Data Model Resource Book, Revised Edition, Volume 1, A Library of Universal Data Models For All Enterprises*, New York: John Wiley & Sons, Inc.

Silverston, L. 2001. *The Data Model Resource Book, Revised Edition, Volume 2, A Library of Universal Data Models For Industry Types*, New York: John Wiley & Sons, Inc.

Silverston, L. Agnew, P. 2009. *The Data Model Resource Book, Volume 3, Universal Patterns for Data Modeling*, New York: John Wiley & Sons, Inc.

Simsion, G. 2007. *Data Modeling Theory and Practice*, New Jersey: Technics Publications, LLC.

Simsion G., Witt G. 2005. *Data Modeling Essentials*, Third Edition, San Francisco: Morgan Kaufmann Publishers.

网站

www.dama.org – Conferences, chapter information, and articles

www.datamodelingzone.com – Annual conference on data modeling

www.eLearningCurve.com – offers some great online courses

www.metadata-standards.org/11179 – Formulation of data definition

www.stevehoberman.com – Add your email address to the Design Challenge list to receive modeling puzzles

www.tdan.com – In-depth quarterly newsletter

www.technicspub.com – Publisher of data management books

练习答案

答案是一个强有力的词汇，意味着其接近于真理。但这里所谓的答案只是表明我个人的看法，如果读者具有不同的、更好的认识，这将是一件非常好的事情。

练习 1：教教你的邻居

我经常使用类比的方法来完成这一任务。比如，我常常拿数据模型与工程设计图纸进行类比，这样大部分无任何技术背景的朋友、家人或者邻居都可以理解数据模型的概念。“正如使用设计图纸来确信所建造的工程是否符合要求，类似地，数据模型能确保应用系统符合要求”。有时，我还会将数据模型类比成二维表格，其中不仅包含有数据列，还包含与数据列绑定的一些规则。如果设计图纸和二维表格这两种说法都不被接受，我通常会很快将话题转移到另一人身上。

练习 3：选择正确的设置

在下列列表中，为每种情形选出最适当的设置。

1. 给一位项目组开发人员解释现存的联系人管理系统是如何工作的。

Scope	Abstraction	Time	Function
☒ Dept	☒ Bus clouds	☒ Today	❑ Bus
❑ Org	❑ DB clouds	❑ Tomorrow	☒ App
❑ Industry	❑ On the ground		

2．向一位新员工解释制造业涉及的关键概念。

Scope	Abstraction	Time	Function
❑ Dept	❑ Bus clouds	☒ Today	☒ Bus
☒ Org	❑ DB clouds	❑ Tomorrow	❑ App
❑ Industry	☒ On the ground		

3．获取一份关于新的销售数据集市的详细需求（数据集市是为了满足一些特定用户需求而设计的一种数据仓库）。

Scope	Abstraction	Time	Function
☒ Dept	❑ Bus clouds	❑ Today	☒ Bus
❑ Org	❑ DB clouds	☒ Tomorrow	❑ App
❑ Industry	☒ On the ground		

练习 5：设置域

以下是为 3 个属性所设置的域。

邮箱地址

以下信息源自维基百科。

电子邮件地址是由“@”将字符集合逻辑上分成“用户账号”和“域”两部分的字符串。用户账号最大长度为 64 个字符，而域名的最大字符长度为 255。但实际上，整个电子邮件地址最大长度为 254。

电子邮件地址的用户账号部分可以包含以下字符。

- 大写及小写英文字母（*a-z, A-Z*）。

- 数字 0—9。
- 字符! # $ % & ' * + - / = ? ^ _ ` { | } ~。
- 字符（点，英文句号）要求不能出现在电子邮件地址的开头和结尾，而且不能连续出现两次及两次以上。
- 引号是允许出现在邮件地址中的，例如，"John Doe" @ example.com，但引号之后不允许出现任何字符。这是一种非常罕见的用法。

销售总额

设置格式域（15,4），正数和负数都允许出现。

国家代码

作为 ISO 3166-1993 标准的一部分，国家代码由两个字符构成，ISO 3166-1993 中列举了 200 多个国家的代码信息，下表为其中的一部分。

Code	Definition and Explanation
AD	Andorra
AE	United Arab Emirates
AF	Afghanistan
AG	Antigua & Barbuda
AI	Anguilla
AL	Albania
AM	Armenia
AN	Netherlands Antilles
AO	Angola
AQ	Antarctica
AR	Argentina
AS	American Samoa
AT	Austria
AU	Australia
AW	Aruba

续表

Code	Definition and Explanation
AZ	Azerbaijan
ZM	Zambia
ZR	Zaire
ZW	Zimbabwe
ZZ	Unknown or unspecified country

表中只列举了以 A 和 Z 开头的国家。但 ZZ 是一个有趣的国家，用它可以很容易地规避一条业务规则，即如果我们不知道被要求的国家及其代码，那么可以使用“ZZ”表示未知。

练习 6：读模型

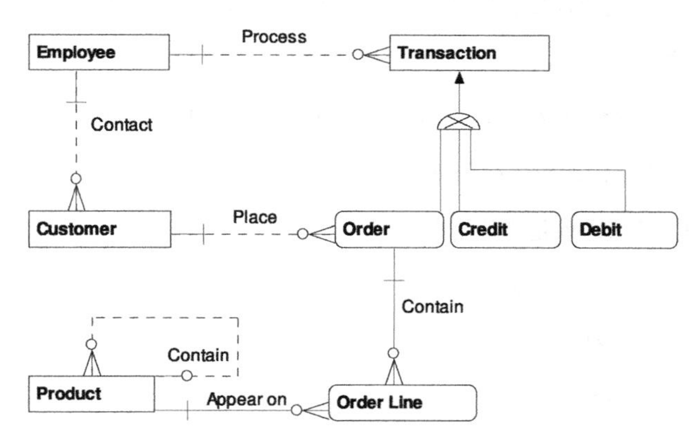

- 一位职员可以处理一次或多次交易。
- 一次交易只能由一位职员处理。
- 一位职员可能联系一位或多位客户。
- 一位客户只能由一位职员联系。
- 每笔交易可以是订单、信用卡支付、借记卡支付。
- 每个订单都是一笔交易。
- 信用卡支付是一笔交易。

- 借记卡支付是一笔交易。
- 一位客户可以提交一次或多次订单。
- 一个订单只能由一位客户提交。
- 一个订单可以由一个或多个订单行构成。
- 每个订单行只能属于一个订单。
- 一件产品可以出现在一个或多个订单行上。
- 一个订单行必须涉及一件产品。
- 一件产品可以包含一件或多件产品。
- 一件产品可以属于一件产品。

练习 7：确认顾客号

定义中的 3 个词语需要特别解释一下：唯一、标识符、顾客。

关于唯一性

词语唯一的解释相对模糊，读者容易对该定义产生不同的理解。为了确保能理解清晰无误，以下 3 个问题应该得到解答。

- 标识符的值之前是否使用？
- 唯一性的范围是什么？
- 标识符如何被验证？

关于标识符的特征

通过解决以下问题，用更多的细节来描述标识符。

- 目的性：例如，可能存在多个顾客数据源，其中多个数据源都有各自的 Id，所以标识符被需要。因为要启用一组通用的数据集，那么需要创建标识符便于数据集成，并保证所有客户的唯一性。
- 业务键或代理键：使用具有业务意义的标识符（如业务键或自然键），还是使用不具业务意义的整数计数器（如代理键）。
- 分配：应该记录下一位新客户的标识符是如何被分配的，由谁负责新标识符的创建也应该被提及。

客户的定义

由于应该根据业务实际进行定义，所以在定义中需要更加明晰客户的定义。可以参考词典等其他方式完成客户概念的定义。

练习 9：修改逻辑数据模型

这种情况下，有两种建模方法。解决这一难点的关键在于使用子类型，并将子类型中的 Office First Occupied Date 设置为不为空。

选项 1

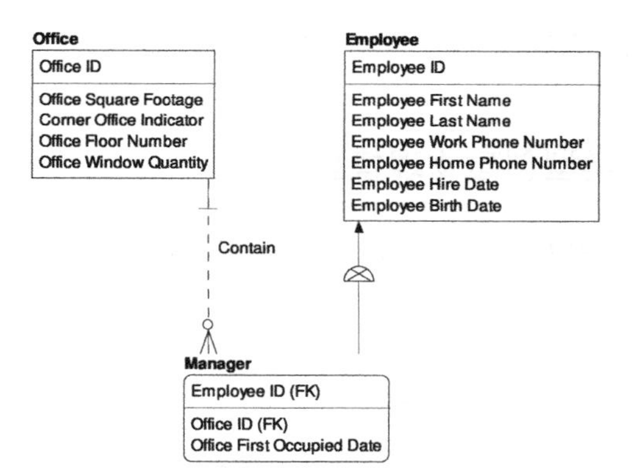

在该模型中，Manager 是 Employee 的子类型。所有属于 Manager 的属性和关系都被移至 Manager 实体。因此，每个 Manager 必须遵循的业务规则为：一位 Manager 只能使用一间 Office 并且每间 Office 可以容纳一位或多位 Manager。另外，Office First Occupied Date 是 Manager 实体中的强制属性，同时在 Employee 实体中不存在该属性。

选项 2（使用抽象）

考虑到数据模型通用性的要求，可以在模型中添加 Person 实体，且可以承担多种 Role（角色）。Manager 是其中的一种 Role。与选项 1 中的模型类似，子类型 Manager 与 Office 存在关系，且包含强制属性 Office First

Occupied Date。该模型适合于以应用系统寿命和稳定性为目标的开发过程，比如数据仓库或数据整合中心等。

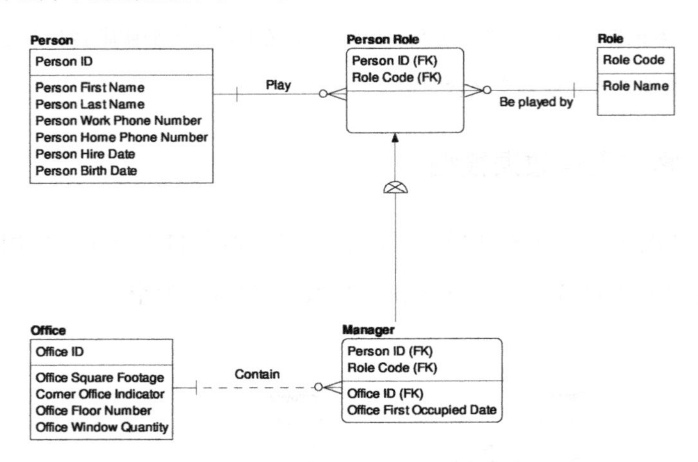

练习 10：用子类型创建物理模型

以下列举了 3 种使用子类型结构创建物理数据模型的方法。

IDENTITY

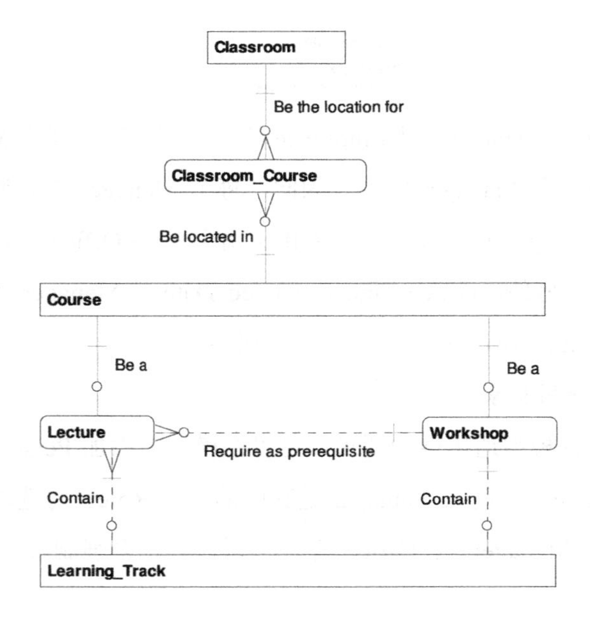

ROLLING UP

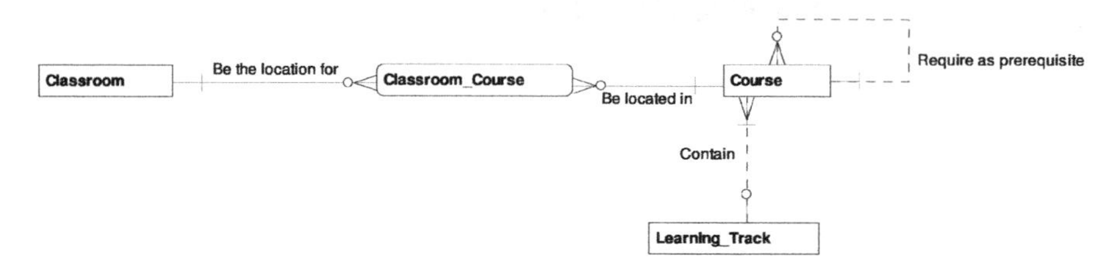

ROLLING DOWN

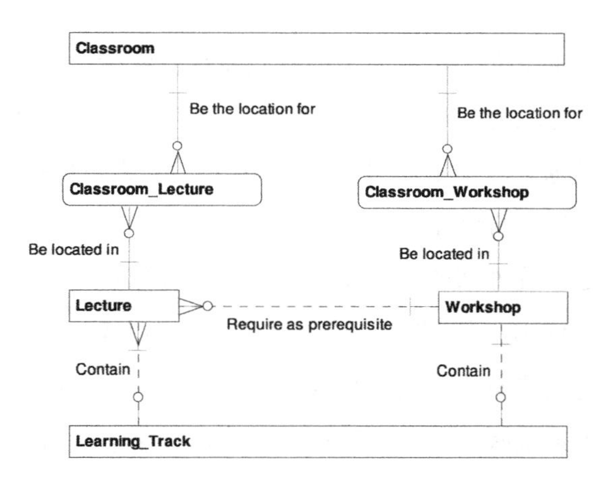

练习 11：建立模板

往往由承担功能分析的人员负责完成家族树，在很多组织内，常常由业务分析师或数据建模工程师承担功能分析，该模板经常与构建逻辑数据模型同步实施并同时完成，即逻辑数据分析阶段包括构建逻辑数据模型和家族树。

练习 12：思考最具挑战性的记分卡得分项

我认为得分项 1（模型对于项目需求的表达如何）是最难进行打分的一项，因为业务需求可能不十分明确，或者有别于口头表述，或者通常需求范围总是不断变大，而不是缩小。

名词解释

抽象：通过重定义和对模型中的一些属性、实体、关系进行合并，得到一些通用的概念，这样为数据模型带来一定的灵活性。例如，可以将“员工”“顾客”抽象为一个更通用的“人”的概念，人可以担任不同的角色，员工、顾客只是其中的两种。

参与者：是系统外部的直接使用者。参与者包括用户、外部设备、其他软件系统。在UML用例图中，参与者用简笔小人表示。

敏捷：敏捷意味着“快速”“熟练”。通常以快速、高品质软件交付为目的，进行应用系统敏捷开发。敏捷开发采用多个子项目迭代的方式逐步完成整个项目工程的开发。敏捷开发的支持者认为以项目迭代方式进行开发可以比传统的软件开发方式花费更短的时间来实现高品质软件系统。但反对者则认为敏捷开发关注的是软件开发的时间花销，但往往忽略企业视角下的宏观应用需求。

聚合：是一种强关联关系，表示一个整合的对象由多个组件构成。聚合最显著的特征有传递性和反对称性。

备用键：由一个或多个属性构成，具备唯一性、稳定性、强制性和最小化等特点，可以唯一识别实体实例，但并没有被选择充当主键。

关联实体：用于解决多对多关系的实体。

属性：有时被称为“数据元素”，是业务处理中的重要特征。属性值可以用以识别、描述、评估实体实例。例如，属性“Claim Number”（索赔号）

可以识别每个索赔，属性“Student Last Name”（学生的姓氏）用来描述每个学生的姓。属性“Gross Sales Amount”（销售总额）用来评估交易中获取的财政收入。

桥接表：用来解决维度与量度计间的多对多关系，即一个给定的量度计实例可能对应多个维度实例。桥接表是逻辑层面上多对多关系的解决办法，但是基于报表工具的不同，物理层面上的解决结构可能会多种多样。

候选键：一个或多个可以唯一标识实体实例的属性。候选键可以是主键，也可以是备用键。

基数：表示一个实体的多少实例与另一个实体的实例发生关联，基数由出现在关系域两端的符号表示。

类：根据一组具有相同属性的事物抽象而成的类型或类别。类是面向对象的分析、设计和开发的基础。类与数据模型中的实体非常接近，即在实体的基础上添加了表示功能的操作。与类联系最紧密的另一条术语是对象。

类字：类中一个属性的名称，如总额（Amount）、编号（Code）及名称（Name），可以为各个类字指定通用域。

概念：对于用户而言，既基础又至关重要的关键观念。基础意味着建模工程师和业务人员进行模型讲解或讨论过程中，这一概念会被不断提及。至关重要则意味着如果没有这一概念，业务会被极大地改变，甚至不可能存在。

概念数据模型：在特定业务或应用系统范围内，表示关键概念及其关系的一组符合和文本的集合。

一致性维度：整个平台或多个部门共用的维度，而不仅仅只是某个业务单独使用，支持企业一致性查询。一致性维度并不要求每个维度相同，而是要求每个维度拥有共同的超集。一致性维度支持跨多个数据集市的信息导航及查询。

数据模型：准确表示业务信息的一组符号、文本集合。在数据模型里可以把“客户”这两个字用矩形框起来，表示一些实际、具体的客户，如

Bob、IBM、Walmart。线段表示两个概念间的关系，如用线段表示一个“客户”可以拥有一个或多个“账户”。

数据建模工程师：负责确认、记录数据需求并执行数据建模过程。

数据建模：是一个了解、掌握数据需求并与具体实现技术无关的过程，是成功实现应用系统的必备过程。

退化维度：维度的属性都被移至事实表中。最典型的退化维度是原始维度中仅包含单一的数据属性，比如类似订单号这样的事务标识。

反规范化：是选择性地违反规范化规则并在模型中重新引入冗余的过程。反规范化的主要目的在于额外的冗余有助于降低数据检索时间。同时，反规范化还有助于创建一个用户友好的模型。

依赖实体：又被称之为弱实体，弱实体依赖于一个或多个其他实体而存在。弱实体的存在可以依赖于独立实体，也可以依赖于其他弱实体。建模中，使用圆角框表示弱实体。

维度：是用来增加量度指标的主题，所有过滤、排序和求和等不同的应用需求都使用同样的维度。维度通常使用层级结构进行组织。

域：是某一属性所有可能取值的集合。

实体：表示的是对于业务非常重要或值得获取的事物及与之相关的信息集合。每个实体都由一个名词或名词词组定义，并符合六大种类之一，即谁、什么、何时、何地、为何及如何。

实体实例：是一个具体实体的呈现或者说是实体的值，如实体“顾客”可以被一些如 Bob、Joe、Jane 等具体的姓名实例化，实体“账户”则可能有诸如 Bob's checking account、Bob's savings account、Joe's brokerage account 等的实例。

可扩展标记语言（XML）：是使用人们可以识读的标签进行数据层次化组织的一种数据模型。人们以及软件应用系统都可以使用 XML 进行信息交换和共享。XML 与数据模型类似，都是非常有用的工具。XML 易于理解，具备技术独立性，而且使用简单的语法表示复杂的程序问题。概念数据模型有别于逻辑数据模型和物理数据模型。同样的道理，XML 也将数据内容与格式（如蓝色，Arial，15 号字体）规则区分开来。

事实：参阅测度。

非事实型事实：不包含任何事实的事实表，用来统计、记录维度间关系事件出现的次数。

字段：表示物理属性，又被称之为列。

外键：一个与其他实体关联的属性。使用外键可以从数据库管理系统中的一个实体导航至另外一个。

正向工程：从建立概念数据模型开始，直到数据库实现结束的应用系统设计过程。

粒度：表示维度数据模型中量度计可用的最低细节程度。

粒度矩阵：一张描述每一个事实或测度细节水平的二维表格，是构造星型模式维度模型的基础。

层级：排列对象、命名、值、类别等的方法，表示“在……之上”“在……之下”或“与……在同一水平”。

独立实体：也称之为核实体，独立实体表示与业务相关的对象，该实体的识别不依赖于模型中的其他实体。建模中，使用矩形框表示独立实体。

索引：是指向检索对象的指针。索引直接指向数据在磁盘空间中的存储位置，极大提高检索速度。索引最好建立在经常被检索且其值很少被更新的属性上。

倒排入口（IE）：非唯一索引，又被称之为辅助键。

杂项维度：包含所有可能的小联合体及具有某种关联的标志、指示符的集合。

键—值：NoSQL 数据库中允许只使用两列（Key，Value）进行数据存储，可以将一些复杂的数据存储在“值”列。

逻辑数据模型（LDM）：是为了解决特定业务需求而形成的业务解决方案。逻辑模型以业务需求为基础，忽略与软件环境、硬件环境等具体问题有关的模型实现的复杂性。

测度：维度数据模型量度计中的一个属性，用来回答一个或多个业务问题。

元数据：是一个文本、声音或图像，用来描述“用户”需要什么，或者用来描述“用户”需要观看或体验什么。这里的“用户”可以是人、组织或软件程序。

量度计：是一个包含相关测度的实体，一组测度作为一个整体，来测度所关注的业务过程，如利润率、员工满意度或销售。

模型：是一组文字及各类符号的集合，用来将一个复杂的概念简单化。

自然键：又被称之为业务键，自然键是在业务系统中标识实体的唯一标识符。

网络：实体间或实体实例间的多对多关系。

规范化：是应用一组规则对事物进行整理的过程，确保每个属性都是单值的，并且提供一个完全的、唯一的依赖于主键的事实。

对象：源于面向对象的程序设计，并伴随类出现，类似于实体实例，即在通用数据属性描述的基础上又结合了对通用行为的描述。对象分为业务对象、接口对象及控制对象。

本体：组织信息的形式化方法，即将各事物归类到各类别并对各类别进行关联。被引用最多的本体论的定义来自 Tom Gruber“概念化的明确规范”。换言之，本体是一种模型，模型则是使用一套标准来对复杂现实世界中事物进行简化。

NoSQL：一类非关系型数据库。NoSQL 并不是一个很好的命名，因为该名称并不能很好地表示其含义，此类数据库不强调数据查询（SQL 源自关系型数据库）而更关注数据存储。

分区：指对一种结构的划分或割裂。特别在数据库物理设计过程中，分区指将一个表划分为两个或多个表。垂直分区指表中的列被划分，而水平分区为表中的行被划分。水平分区及垂直分区常常被结合在一起使用，即当行被划分时，只有某些特定的列包含在该行集合中。

物理数据模型：表示详细的技术解决方案。物理数据模型是针对特定的硬件、软件环境对逻辑数据模型进行必要调整的产物。物理数据模型设计时，常常需要做一定的折中处理，兼顾速度、空间、安全等因素。

主键：可以唯一标识实体实例的一个或多个属性的组合，并被选定为唯一标识符。

应用：是一种大型的、集中组织的计划，其中可能包含多个工程。通常应用具有起始日期，但如果成功，则没有结束日期。应用可能是非常复杂且需要长期模型化的任务。例如，可以包括数据仓库（data warehouse）、操作数据存储（operational data store）及客户关系管理系统（customer relationship management system）。

工程：指完整的软件系统开发，经常由一组按期交付的成果构成。例如，可以包括销售数据集市（sales data mart）、经纪人交易应用（broker trading application）、预定系统（reservation system）及对现有应用的加强。

递归关系：同一实体的两个实例相互关联。例如，一个组织可以向另一个组织报告。

关系数据库管理系统：1970 年 IBM E. F. Codd 发明的传统关系型数据库第 1 次商业使用于 1979 年。

关系模型：描述业务工作过程，其中还描述有业务规则。例如，一个客户必须至少拥有一个账户，一个产品必须有一个缩写产品名。

关系：描述了数据模型中的规则。在实体联系图中，关系由连接两个实体间的线段表示。

逆向工程：从数据库开始了解现存的应用系统，即根据现有数据库逐层向上，直到构建出相应的概念模型。

辅助键：是经常被访问的，或者需要被快速检索到的一个或多个属性（如果多于一个属性，称之为复合辅助键）。辅助键无需具备唯一、稳定、不可为空等特征。

半结构化数据：半结构化数据与结构化数据的唯一差别在于：半结构化数据需要查看数据本身来确定结构，而结构化数据只需要检查属性名称。半结构化数据是结构化数据的一个处理步骤。

快照测度：记录了实体生命周期中与特定步骤相关的时间信息。例如，销售的快照信息可能包含订单何时被创建、确认、运输、交付以及支付。

渐变维度：用来描述实体数据变化，渐变维度（SCD）类型 0 和固定维度的概念一致，其值不随时间变化。SCD 类型 1 意味着仅仅存储当前维度成员的值，而忽略数值的历史变化。SCD 类型 2 意味着需要存储所有的历史数据（类型 2 是种时间机器）。SCD 类型 3 意味着仅仅需要记录一部分历史信息，如当前状态和最近状态或当前状态和原始状态。SCD 类型 6 则表示存在复杂维度，该维度的历史可能存在多种变化。

雪花维度：一个物理维度建模结构，其中分别实现每一组表，在结构上非常类似于逻辑维度模型。

电子表格：是纸质工作表格的一种表示形式，表单中包含由行和列构成的网格，网格中的每个单元格可以存放文本或数字，表单中的列通常表示不同类型的信息。

涉众：一个关注于项目实现成果与否的人或组织。

星型模式：是常见的一种维度物理数据模型结构。星型模式的结果为组成维度的一组表被平铺（flattened）到单个表中。事实表处于模型的中心，与事实表相关的每一个维度都被置于最低的细节水平。

结构化数据：根据简单的类字而命名的数据。简单意味着如果数据可以被分解，那么只能通过规范化实现。

例如：

订单日期

客户姓名

销售总值

子类型化：将多个实体中共同的属性合并为一组，同时保留每个实体的独立属性。

概括：聚集量度计中存储信息的粒度层次要高于事务粒度层次。

代理键：替代自然键的实体唯一标识符，通常由一个固定大小的、无人工干预的、系统自动产生的计数器生成，代理键不具备任何业务含义，是 IT 设计人员根据整合、性能等因素添加的一列属性。

分类：是一种树形结构。子节点只能有一个父节点，父节点可以有一个或多个子节点。如果一个子节点存在多个父节点，那么该子节点必须为每个父节点重复一次。分类的示例有产品类别、关系数据模型中的超类/子类、维度数据模型中的维度层级。

UML：面向对象分析和设计的主流建模工具，由 Jacobsen、Booch、Rumbaugh 整合早期面向对象建模标准形成的。

非结构化数据：**根据**复杂文本或对象类字而命名的数据。复杂意味着数据可以彻底分解成不同类型的数据。

用例：在面向对象的分析中，所定义的工作流流程，以识别对象、数据及其方法。

视图：是一种虚拟表，是由 SQL 查询定义作用于真正存储数据的表（或其他视图）之上的“视窗”或窗口视图。

路径搜寻：囊括所有被人类或动物使用的技术及工具，以实现从一个地点抵达到另外一个。如果一位旅行者用天空中的星斗导航，那么星斗便是他的路径搜寻工具。同理，地图、指南针也都是此类工具。所有的模型也是路径搜寻工具。地图可以帮助旅行者游览一座城市，组织结构图可以帮助员工理解组织间的相互关系，设计蓝图则可以帮助建筑师交流建造计划。

欢迎来到异步社区！

异步社区的来历

异步社区（www.epubit.com.cn）是人民邮电出版社旗下 IT 专业图书旗舰社区，于 2015 年 8 月上线运营。

异步社区依托于人民邮电出版社 20 余年的 IT 专业优质出版资源和编辑策划团队，打造传统出版与电子出版和自出版结合、纸质书与电子书结合、传统印刷与 POD 按需印刷结合的出版平台，提供最新技术资讯，为作者和读者打造交流互动的平台。

社区里都有什么？

购买图书

我们出版的图书涵盖主流 IT 技术，在编程语言、Web 技术、数据科学等领域有众多经典畅销图书。社区现已上线图书 1000 余种，电子书 400 多种，部分新书实现纸书、电子书同步出版。我们还会定期发布新书书讯。

下载资源

社区内提供随书附赠的资源，如书中的案例或程序源代码。

另外，社区还提供了大量的免费电子书，只要注册成为社区用户就可以免费下载。

与作译者互动

很多图书的作译者已经入驻社区，您可以关注他们，咨询技术问题；可以阅读不断更新的技术文章，听作译者和编辑畅聊好书背后有趣的故事；还可以参与社区的作者访谈栏目，向您关注的作者提出采访题目。

灵活优惠的购书

您可以方便地下单购买纸质图书或电子图书，纸质图书直接从人民邮电出版社书库发货，电子书提供多种阅读格式。

对于重磅新书，社区提供预售和新书首发服务，用户可以第一时间买到心仪的新书。

用户账户中的积分可以用于购书优惠。100 积分 =1 元，购买图书时，在 0 使用积分 里填入可使用的积分数值，即可扣减相应金额。

特别优惠

购买本书的读者专享异步社区购书优惠券。

使用方法：注册成为社区用户，在下单购书时输入 S4XC5 使用优惠码，然后点击“使用优惠码”，即可在原折扣基础上享受全单9折优惠。（订单满39元即可使用，本优惠券只可使用一次）

纸电图书组合购买

社区独家提供纸质图书和电子书组合购买方式，价格优惠，一次购买，多种阅读选择。

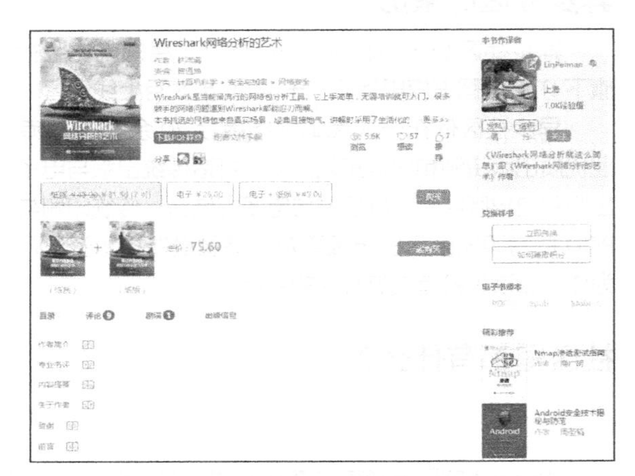

社区里还可以做什么？

提交勘误

您可以在图书页面下方提交勘误，每条勘误被确认后可以获得100积分。热心勘误的读者还有机会参与书稿的审校和翻译工作。

写作

社区提供基于 Markdown 的写作环境，喜欢写作的您可以在此一试身手，在社区里分享您的技术心得和读书体会，更可以体验自出版的乐趣，轻松实现出版的梦想。

如果成为社区认证作译者，还可以享受异步社区提供的作者专享特色服务。

会议活动早知道

您可以掌握 IT 圈的技术会议资讯，更有机会免费获赠大会门票。

加入异步

扫描任意二维码都能找到我们：

异步社区

微信服务号

微信订阅号

官方微博

QQ 群：436746675

社区网址：www.epubit.com.cn

投稿 & 咨询：contact@epubit.com.cn